隨心所欲玩轉風格！

絕美指甲彩繪圖鑑

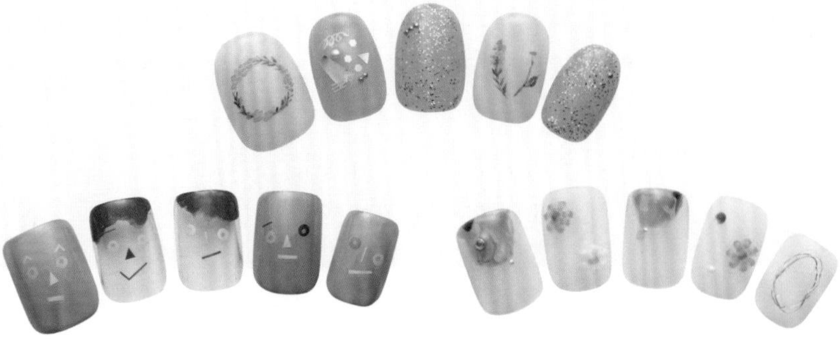

歡迎來到
美甲的世界

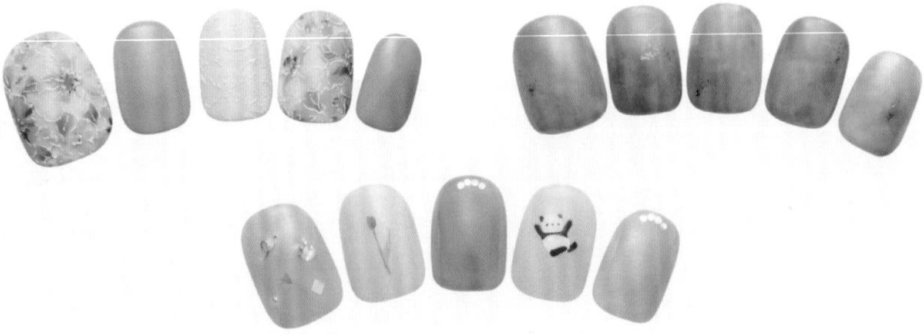

如同穿上了喜愛的衣服會讓人心花怒放一樣，
指尖若妝點了迷人的色彩，
也會讓人不自覺地綻放笑容、心中充滿喜悅。

不管是視為儀容的一部分，還是犒賞自己……
都能盡情享受美甲的箇中樂趣。

隨著季節的變化更換色系、
在特別的日子裡，以特別的配件點綴。
彷彿是裝滿了日常樂趣的寶盒。

正因為如此，思索著
「下次要做什麼樣的美甲呢」的時刻，
想必是滿心期待的愉悅時光。

本書分為「設計」、「主題」、「場合」、「足部」，
足足介紹多達1000種精選的美甲款式。

此外，從美甲的基礎知識到歷史、用語集，
到可居家進行的指甲保養以及美甲的訣竅。
濃縮了各種美甲的相關資訊。

備一本在書架上，當為了下一次的美甲而煩惱時，
不妨翻閱看看。
一定能找到中意的款式。

那麼，下次要做什麼樣的美甲呢？

Contents

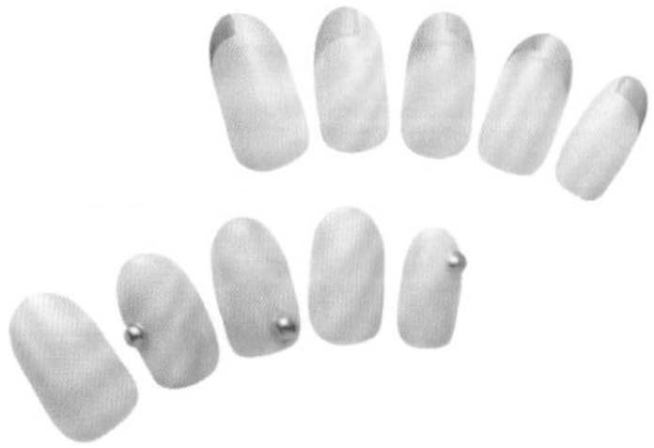

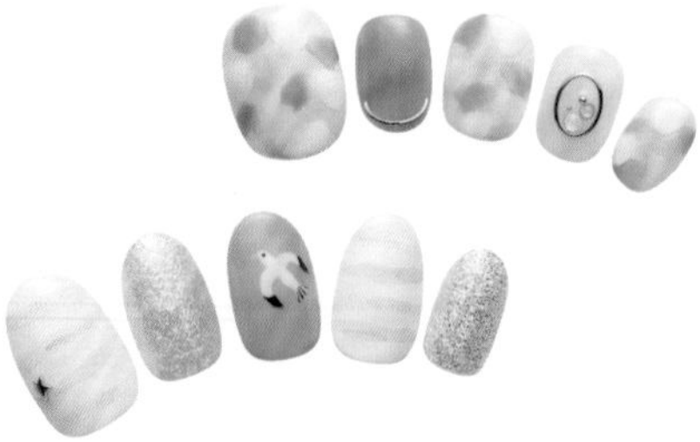

本書的使用方法

美甲沙龍名稱
和美甲片的位置
是相對應的。

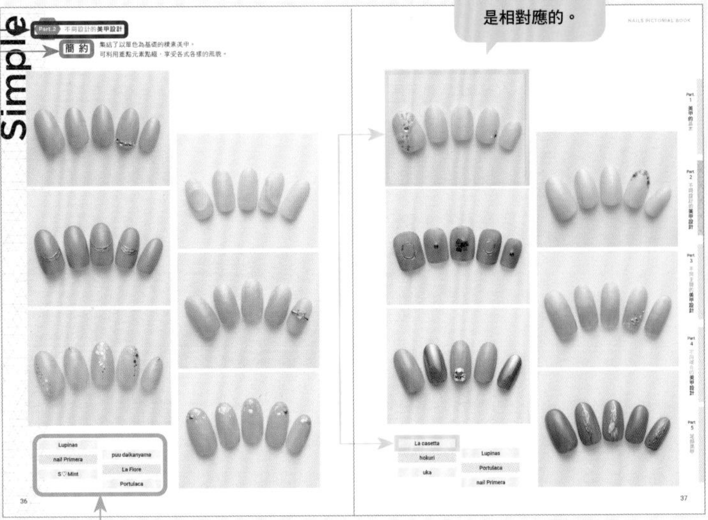

類型

本書分成「設計」、「主題」、「場合」、「足部」等4個類型，依序介紹美甲款式。

類別

4個類型內各自再細分成「類別」刊載。可以細項檢索想看的美甲款式。

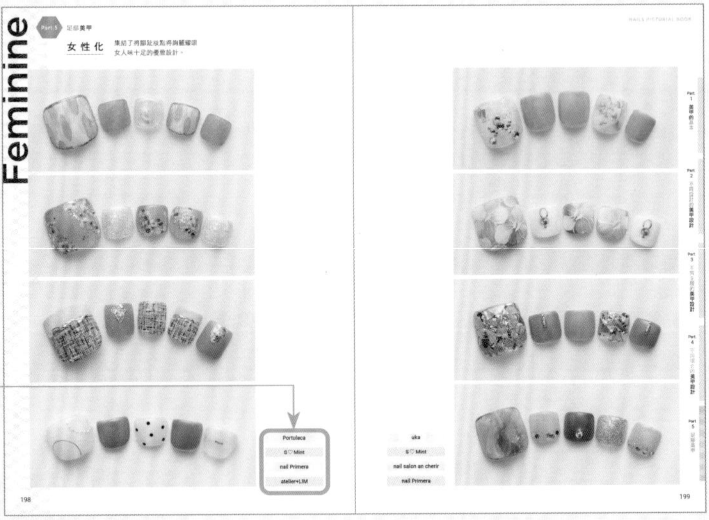

美甲沙龍

記載了製作各個款式的美甲沙龍名稱。如果有中意的款式，不妨也確認一下美甲沙龍。每個美甲沙龍的資訊可以參照P.251～的「Salon/Shop List」。

＊介紹的美甲片基本上手部是右手5根手指、足部則是右腳5根腳趾。
＊美甲片的形狀以及尺寸、方向等等，因各個美甲沙龍而異。
＊美甲的各類型及類別是依照本書的基準分類，僅供參考。
請依喜好自由享受美甲的樂趣。

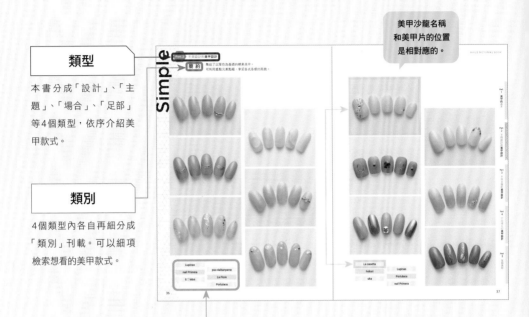

Part.
1

美甲的基本

你真的了解指甲、美甲嗎？
不只是即將開始做美甲的人，
每天樂在美甲之中的人
不妨也來了解基本知識，
享受更加充實的美甲生活。

指甲是什麼？

美甲所不可或缺的「指甲」。
在進行美甲之前，首先來加深對指甲的認識吧。

指甲的功用

用手指抓握物品、書寫文字，使這些手指的動作得以進行的部位，就是「指甲」。指尖的骨頭並沒有延伸到最前端，因此，藉由施加在指腹的力量傳遞到指甲，指甲反彈這股力道，我們才得以活動指尖。

足部也同樣是在腳趾甲的作用之下支撐並穩定住身體。也由於腳趾甲的存在，讓我們能夠行走。

此外，指尖是掌控知覺的神經集中之處。而指甲也具有保護這個重要的指尖的作用。因此，指甲對人類來說是不可或缺、具有重要功能的部位。

指甲的構造・成分

指甲是由根部的表皮層裡的甲母質所增生、角質化而成的物質。乍看之下好像是一片堅硬的平板，但其實是由表皮的角質層分化成3層所構成的。

指甲的主要成分是稱為角蛋白的纖維狀蛋白質，另外還含有少量的水分和脂肪。3層當中，上方的「指甲板上層」和下方的「指甲板下層」角蛋白以縱向連結、中間的「指甲板中層」角蛋白則是以橫向連結，因此指甲具備了富有彈性的柔軟性。

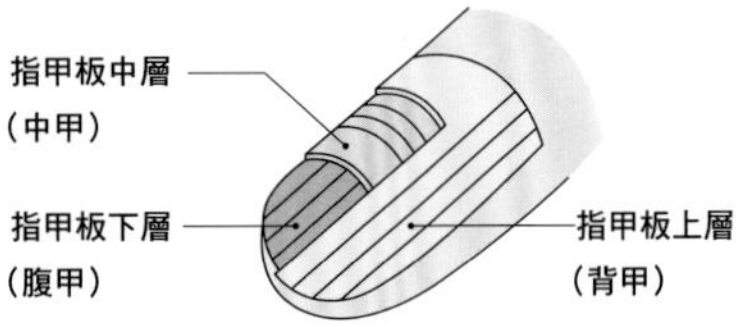

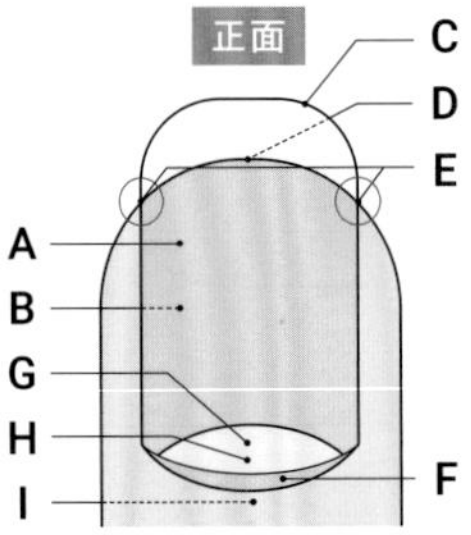

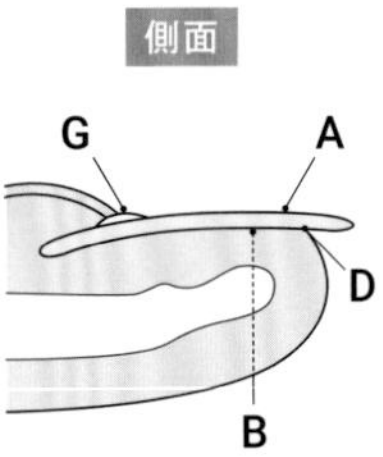

A 指甲板

一般所說「指甲」的部分。又稱指甲片。

B 指甲床

支撐指甲板的「平台」部分。又稱甲床。

C 指甲前緣

指甲長超出指甲床的部分。也就是指甲前端的白色部分。

D 甲下皮

位於指甲前緣的下方，防止細菌或異物入侵指甲下方的皮膚部分。又稱指甲下皮。

E 負荷點

指甲兩側長超出皮膚的點。英文稱為Stress point。指甲容易從這裡開始斷裂。

F 甲上皮（指緣上皮）

位於指甲根部，防止細菌等物入侵的皮膚部分，保護著甲母質。又稱甘皮。

G 甲上皮角質

甲上皮所長出、附著於指甲表面的角質部分。又稱指緣上皮角質。

H 甲半月

指甲板根部的半月形乳白色部分。英文又稱Half moon。是新生的指甲，由於富含水分，故看起來白白的。

I 甲母質

位於皮膚下方，有血管和神經通過，是生成指甲的部分。又稱甲母。

指甲的形狀

選擇指甲的形狀也是美甲的樂趣之一。建議考量生活型態以及安全性，來尋找適合自己的甲形。

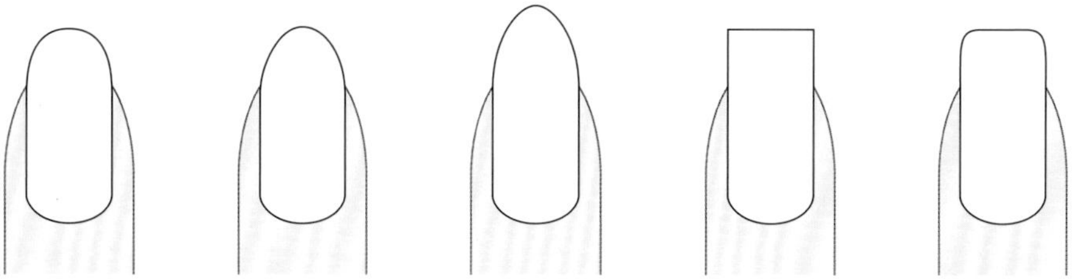

圓弧形

從側面到尖端呈現自然的圓弧形，是具有優雅印象的風格。和各種設計都非常搭，也是非常適合男性修剪的指甲形狀。

橢圓形

比圓弧形的側面更有弧度、呈蛋圓形的一般風格。由於沒有稜角，不容易勾到，生活上較為便利。具有女性化的印象。

尖形

將橢圓形前端再加以修尖的風格。由於前端比較細的關係，相對而言較為脆弱。給人優雅的印象，也有讓指甲看起來更加修長的效果。

方形

將側面和前端都修磨得筆直的方正風格。由於是尖角，故容易勾到，生活上稍嫌不便。帶有都會風、稍微冷酷的印象。

方圓形

將方形的角修圓，帶有冷酷印象的風格。強度夠，生活上較方形便利。

理想的指甲

　應該很多人都嚮往如手部模特兒那樣纖細、有光澤的美麗指甲吧。所謂「理想的指甲」不只是指外型美觀，也代表沒有損傷、帶有紅潤血色的健康指甲。舉例來說，指甲偏白是疑似貧血的徵兆。正因為如此，身體的狀態也會直接反映在指甲上。因此，和身體健康同樣的道理，注重營養的飲食及良好的睡眠品質是很重要的。結合指甲保養（P.28），養成健康又美麗的指甲吧。

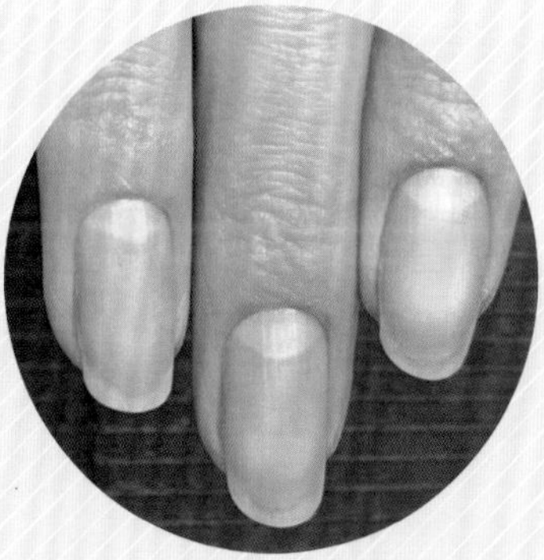

認識美甲

光是看著指尖上裝飾的動人美甲，心情就雀躍起來。
一起來了解美甲的各種技法、工具、材料，享受適合自己的美甲樂趣吧。

美甲的魅力就在於能享受各種設計

手指和妝容、髮型一樣，是儀容的一部分，需要保持整潔美觀。而且，由於自己可以直接看到，光是映入眼簾就令人心情愉悅、動力十足。再加上可以配合季節或活動等等，如同流行時尚進行裝飾或換裝，大玩巧思，這也是美甲的魅力之一。

美甲普遍是使用「指彩（一般稱為指甲油）」、「凝膠」、「壓克力」。可以根據各自的持久度、便利性、強度等特徵加以運用。此外，如果再依個人喜好打造指甲「彩繪」，像是放上配件，或繪製圖案、做成立體等等，更能展現個人風格和華麗感。指甲的長度也從短小可愛的短款美甲，到襯托出女人味的長款美甲，有各式各樣不同長度。能在指甲這塊小小的畫布上展現多樣的設計，可說是美甲獨有的樂趣呢。

想要做美甲時，有去美甲沙龍請美甲師代勞，或是自己動手等選項。

前者雖然需支付費用，但相對的，具有交給專業人士的安全感，以及能進行高難度設計這些優點。

後者的話，不是慣用手則難以施作，故較費工，但相對而言，優點是任何時候都可以輕鬆進行。各位不妨考量各自的優缺點來選擇。

美甲的種類 1
指彩
詳細介紹請見 P.14

美甲的種類 2
凝膠
詳細介紹請見 P.16

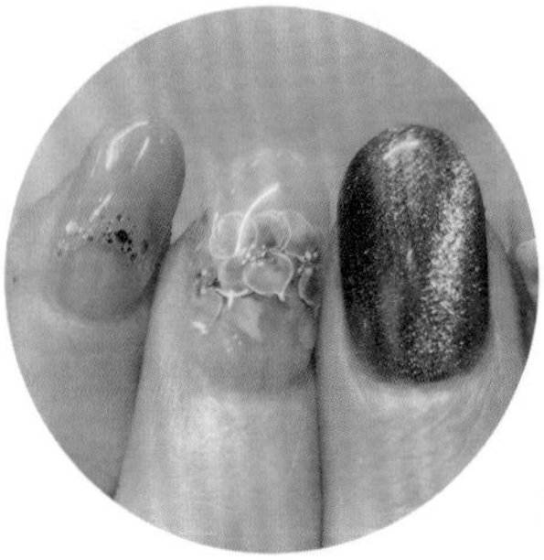

美甲的種類 3
壓克力
詳細介紹請見 P.18

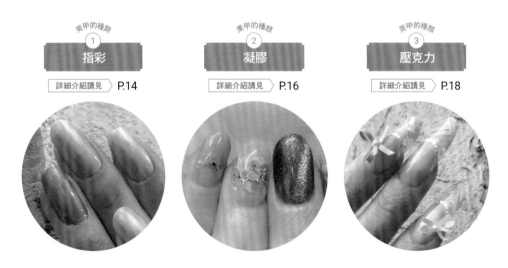

指甲彩繪的主要種類

美甲有顏料彩繪、搭配裝飾配件等豐富多樣的彩繪技法。以下為主要的幾種指甲彩繪。

平面彩繪

平面類的指甲彩繪總稱。使用壓克力顏料或凝膠等等用具、材料，完成各式各樣的美甲設計。

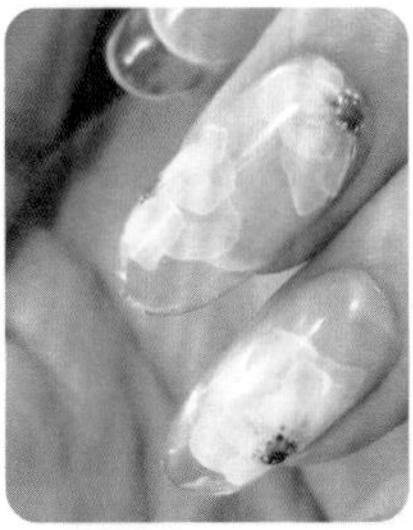

噴槍

使用空氣壓縮機等器具，以霧狀噴繪指彩的技法。比起用筆渲染，漸層變化快，能完成精細的作品。也能在平面上做出帶有空間立體感的指甲彩繪。

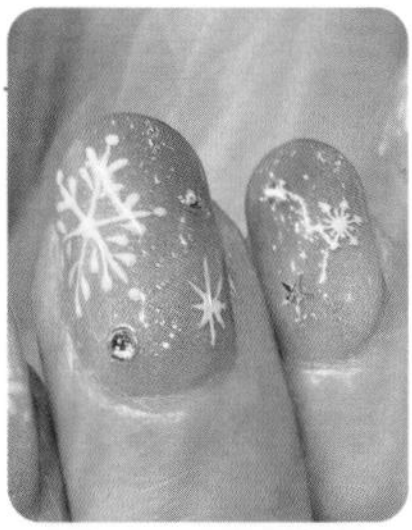

配件

使用水鑽、鉚釘、珍珠等裝飾配件的設計。可以搭配多個或只使用一個。能根據選用的配件和黏貼的位置，享受多樣化的美甲樂趣。

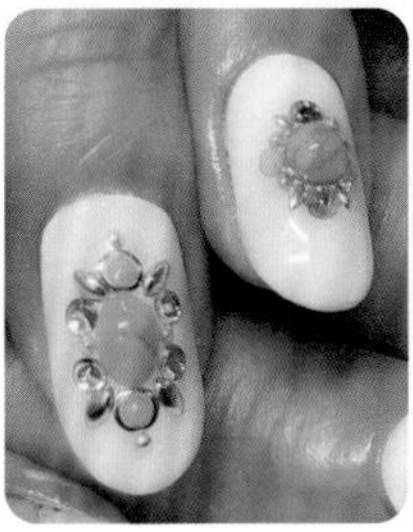

粉雕

以壓克力或凝膠做成、具有立體感的設計。有別於另外製作配件的3D彩繪方式，是直接用筆在指甲上彩繪的技術。

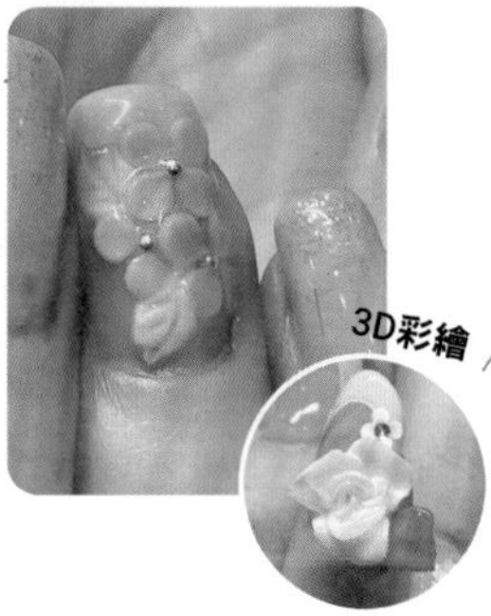

3D彩繪

利用延甲做出喜好的長度！

所謂的「延甲」，是指使用凝膠或水晶指甲（混合壓克力粉及壓克力溶劑製成）、美甲片，製作人工指甲的技法。「延甲」如同字面上的意思，可以延長指甲的長度，因此能依照個人喜好調整長度。

美甲的種類

1

指彩

能自己隨時享受美甲樂趣的代表就是「指彩」。
首先來認識其特徵以及優缺點吧。

特徵

一般是在玻璃容器裝入以刷具塗刷用的顏料。由於需要的工具較少，自己上色或卸除都很容易，能輕鬆享受美甲的樂趣。此外，也推薦給希望盡可能減少對指甲造成傷害的人。有些美甲沙龍不提供此項服務，建議事先確認。

推薦給以下這些人

- □ 只想在休假時享受美甲的人
- □ 只想輕鬆嘗試而不想花大錢的人
- □ 指甲受傷但仍想做美甲的人
- □ 常因為運動等緣故大量出汗的人
- □ 由於工作或興趣手常常碰水的人

優點

- ✓ 簡單就可上色
- ✓ 自己就能卸除
- ✓ 重新上色也很輕鬆！

缺點

- × 要花時間等待指甲油變乾
- × 相較於其他素材較不持久

指彩美甲主要使用的工具

基底護甲油

隔離油。除了保護指甲，也有讓指彩更顯色、防止色素沉澱等功能。

表層亮甲油

使用於上色完成後。使指彩帶有光澤、更持久。此外，也有防止指彩變色的作用。

指甲油

含有色素，塗於指甲上著色。不只顏色豐富，還有通透、亮粉、珠光等各式各樣的質感，也可以搭配著使用。

去光水

除了卸除指甲油，也可以用來擦掉指甲上的油脂及髒汙。也有些產品不含丙酮，或具有保濕效果、護甲效果。

指彩、凝膠、壓克力共通的用品

木棒

用來擦拭溢出來的指彩，或用於將細小的配件放上指甲這類精細的工作。

紗布

由於沒有毛絮，可用來在施作前去除水分、油脂。凝膠美甲的話，也可以用來擦掉未硬化的凝膠。

紙巾

操作時鋪在桌上，或是剪成小塊擦拭筆上沾到的素材等等，用途廣泛。

指彩美甲
範例

美甲的種類

2

凝膠

持久且設計的自由度高的「凝膠」。
來看看它受歡迎的祕訣吧。

特徵

魅力在於能長時間欣賞種類多樣的設計，是多數美甲沙龍所採用的美甲類型。雖然簡易的凝膠美甲套組愈來愈多，但由於較為費工，故自行施作的難度比較高。凝膠也有各式各樣的種類，需事先確認是否有想要的類型。

優點

- ✓ 完成的華麗美甲可欣賞1個月左右
- ✓ 可保護、補強指甲
- ✓ 不需耗時等候乾燥，手馬上就可以做事
- ✓ 寶石或彩繪不容易剝落

\ 推薦給以下這些人 /

- ☐ 希望長期欣賞美甲彩繪的人
- ☐ 沒時間頻繁重塗指甲油的人
- ☐ 想把指甲留長的人
- ☐ 想補強指甲的人(包含運動選手、音樂演奏家等等)

缺點

- × 較難自行卸除
- × 若衛生習慣不佳或放置剝離的指甲不管，有感染的風險
- × 因蒸氣浴、岩盤浴、溶岩浴等大量出汗的話，持久度會變低
- × 未硬化的凝膠(未變硬的凝膠)若持續附著於皮膚上，可能引發過敏

凝膠美甲主要使用的工具

底膠

隔離膠。上色膠之前使用可防止色素沉澱，並提高指甲和色膠的黏著度。

上層膠

美甲最後完成時擦塗的凝膠。用來保護色膠、增加光澤。也有固定配件的功能。

色膠

有顏色的凝膠，擦塗於底膠之上。也可以混合多種顏色使用。

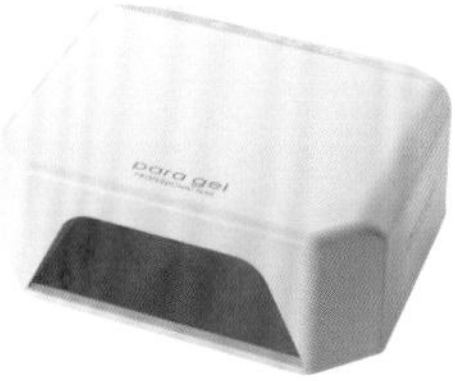

美甲燈

促使凝膠硬化的燈具，分為UV燈（照射紫外線）和LED燈（照射可見光）。

凝膠卸甲液

用化妝棉等物沾取，用來卸除凝膠。

凝膠清潔液

用化妝棉或紗布沾取，用來擦掉未硬化的凝膠。

凝膠筆

塗繪凝膠用的筆。分為平頭、圓頭、彩繪筆等等，形狀及刷毛種類很多，依不同用途選用。

凝膠美甲範例

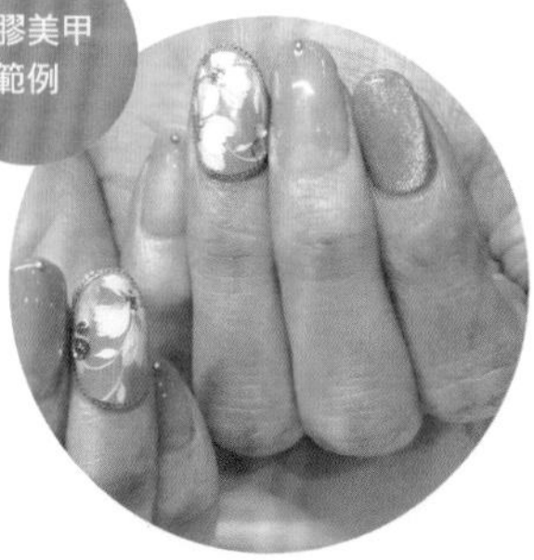

美甲的種類
3

壓克力

最為堅固，設計性也強的「壓克力」。
沒有嘗試過的人不妨也來看看它的魅力。

特徵

壓克力粉末（水晶粉）和壓克力溶劑（水晶溶劑）混合而成的物質叫做「水晶脂」。由水晶脂製作而成的人工指甲稱為「水晶指甲」。能善用水晶指甲的厚度，在中間嵌入彩繪，營造出如同玻璃般的透明感以及立體空間感。此外，非常堅固，且能大幅增長指甲的長度，也是壓克力的特點。由於需要高難度的技術，自行施作較為困難。

優點

- ✓ 能針對較薄的指甲加以補強，也可以修補折斷和缺損或增長指甲
- ✓ 非常堅固
- ✓ 可鑲嵌乾燥花、粉雕、亮粉等素材，做出有空間立體感的設計
- ✓ 可做出前端透明的設計

\ 推薦給以下這些人 /

- ☐ 希望長期欣賞美甲彩繪的人
- ☐ 沒時間頻繁重塗指甲油的人
- ☐ 想把指甲留長的人
- ☐ 想補強指甲的人(包含運動選手、音樂演奏家等等)
- ☐ 想修補折斷或缺損部位的人

缺點

- ✕ 較難自行卸除
- ✕ 若衛生習慣不佳或放置剝離的指甲不管，有感染的風險
- ✕ 因蒸氣浴、岩盤浴、溶岩浴等大量出汗的話，持久度會變低
- ✕ 溶劑若持續附著於皮膚上，可能引發過敏
- ✕ 自行施作的難度高

壓克力指甲主要使用的工具

壓克力粉（水晶粉）

壓克力粉末。混合壓克力溶劑使用。用來製作水晶脂。是一種聚合物。

平衡劑

用來去除指甲的水分和油脂。於一開始塗上。

固定劑

功能是提高指甲與壓克力的黏著度。

溶劑杯

裝壓克力溶劑等等的容器。

壓克力專用筆

製作水晶指甲用的筆刷。

壓克力溶劑（水晶溶劑）

壓克力的液體。混合壓克力粉使用。為聚合物單體。

指模

製作延甲時使用。墊在指甲下方的底紙。

丙酮

以化妝棉沾取，用來卸除水晶指甲。

剪刀

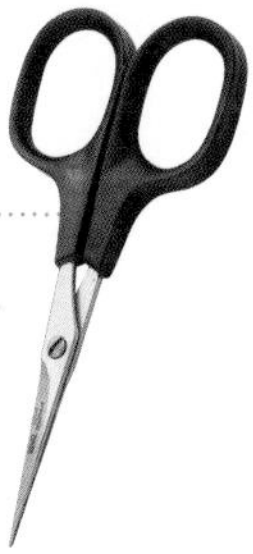

用來剪指模等等。

也可以將壓克力塗於指甲上，在不增加長度的情況下補強真甲（floater）。照片中是在補強的真甲上方以凝膠彩繪。

壓克力美甲範例

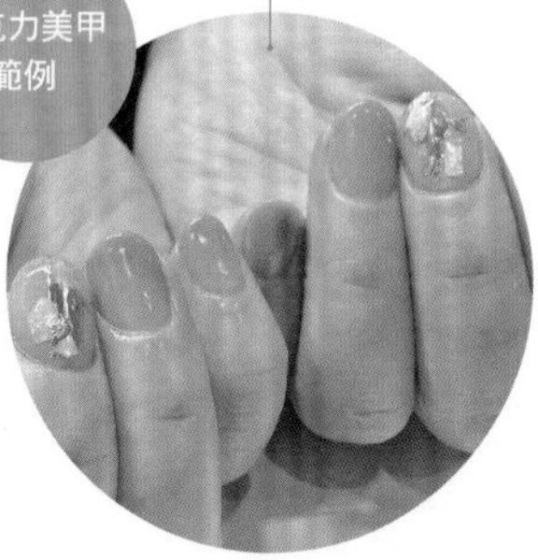

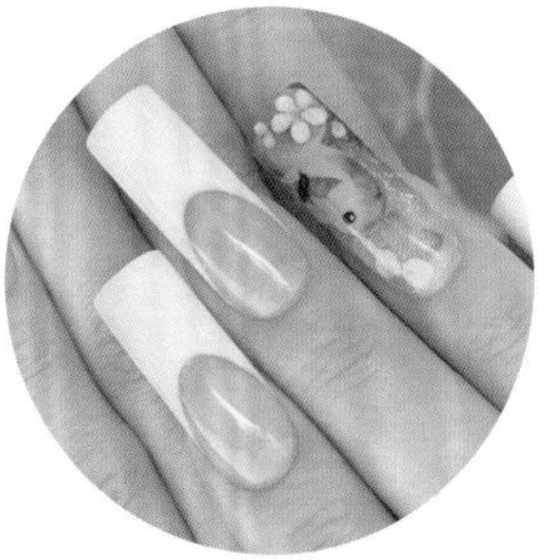

美甲的流程

這裡介紹美甲沙龍所採用的一般美甲流程。
第一次去美甲沙龍的人，事先了解大致流程的話，會比較安心。

Step 1

諮詢

進到美甲沙龍後，首先從諮詢開始。一般需在「諮詢紀錄表」內填寫平常的生活習慣（工作、興趣），以及以往的美甲狀況等事項。美甲師會參考這些資訊，評估適合該顧客的施作方法或藥劑。

Step 2

卸甲

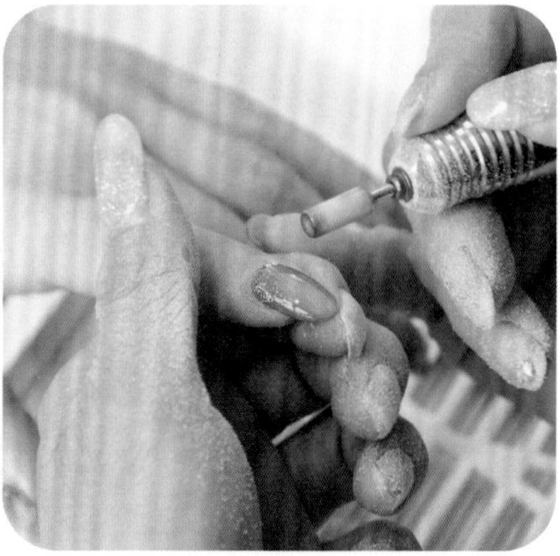

如果指甲上還殘留有之前做的美甲，需先卸除乾淨（如果是一層殘補甲術（fill in；P.241）的話，則不需要卸甲）。以專業的角度確認裸甲的狀態，再次評估要做什麼樣的美甲。不必勉強自行卸除凝膠美甲或壓克力美甲！

Memo

美甲前
嚴禁使用護手霜！

很多人會想說「要去美甲沙龍，指甲或手部卻很粗糙，真不好意思」，於是去做美甲之前先塗抹護手霜或保養油。但是這樣會造成指彩無法附著，萬萬不可！做美甲前也要留意指甲不要沾上防曬乳液！

＊卸甲、保養、美甲、追加項目這些費用因美甲沙龍而異。
建議事先確認。

\ 完成 /

完成希望的美甲後，再上保養油就完成了！有些沙龍還可以應顧客希望提供護膚、按摩、去角質等追加項目。也會告知美甲後的養護資訊，有不了解之處應確認清楚。

Step 3

保養

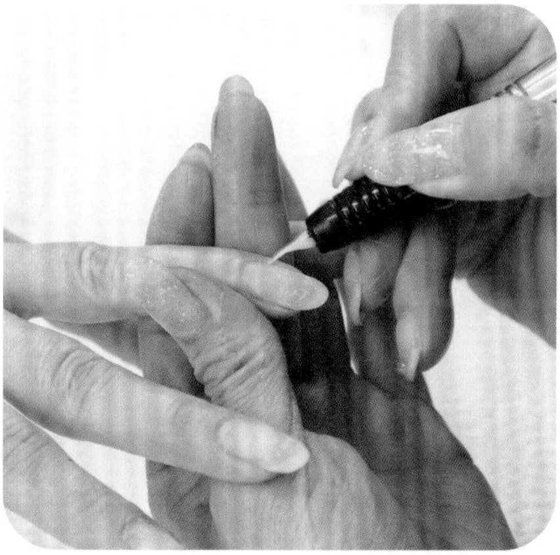

保養是進行美甲前不可欠缺的。美甲師會處理甘皮，或視需要修復指甲的傷口或損傷。和卸甲一樣，甘皮等處的保養不需事先自行處理，交給專業人士較為安心。

Step 4

上色、設計

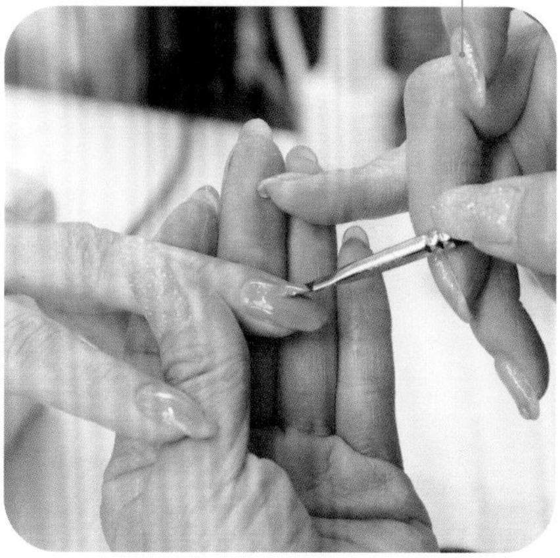

終於到了要進行上色、設計的階段了。到目前為止的步驟，幾乎都會在進行時一邊討論要做什麼樣的美甲一邊決定下來。接著會視情況確認顏色或設計，如果有在意的事項，最好要盡早告知美甲師。

Memo

有在意的事項應該馬上告知美甲師！

有時會發現，實際塗上顏色後跟想像的不一樣，或是想改變配件的位置等等。舉例來說，如果是在凝膠硬化之前的話，都還可以變更，應在來不及補救之前，盡早將在意的地方提出來。如果有理想的美甲樣式，準備照片之類的話，會比較容易表達清楚。

美甲設計的選擇方法

能享受各式各樣的設計，是美甲的魅力之一。
這裡介紹選擇設計時的考量方法，將有助於找到符合個人風格的美甲。

首先不妨思考 美甲的目的、用途

「當作成熟大人的儀容的一部分」、「因為婚禮在即」、「想享受節慶活動的樂趣！」……等等，做美甲的理由想必因人而異。那麼，首先不妨思考美甲的目的以及用途。

舉例來說，萬聖節或耶誕節這類節慶活動用的話，主題意象或主題色較為明確，因此腦海中應該會隱約浮現想像的設計款式。

又或者，視為儀容的一部分，要去上班或是參加開學典禮、畢業典禮這類較為正式的場合時，選擇的設計也必須考量到TPO（指時間Time、地點Place、場合Occasion方面的禮儀）。相反的，如果沒有特殊限制，想搭配季節享受美甲的話，可以看看社群網站或雜誌等等，天馬行空自由自在地想像，會更添樂趣。

美甲的目的、用途

- 服裝儀容
- 典禮儀式（畢業典禮、開學典禮、聚會等等）
- 新娘
- 季節性的活動（萬聖節及耶誕節、過年、情人節等等）
- 興趣嗜好（演唱會、主題樂園等等）
- 補強指甲
- 改掉啃咬指甲的習慣 etc.

選擇設計時 將生活型態也納入考量

美甲時會使用指甲油、凝膠、壓克力等等具有各種不同特徵的素材。也因此，從強度及卸甲的容易度、耐水性等特徵（請參照P.14～19）當中，選擇適合的設計非常重要。不過，從設計面來看，雖然要呈現壓克力美甲特有的空間立體感比較困難，但基本上不論使用哪一種素材，在設計上都不受限制。使用指甲油也能彩繪、壓克力美甲也能做日常的短指甲美甲。

只不過，指尖也關係到實用性和給人的印象。例如工作上會用到指尖的人，如果指尖有立體彩繪的話，可能會妨礙做事。而常常和長輩見面的人，可能就需要沉穩的印象。想於日常生活中享受美甲的話，建議選擇設計時也將生活型態納入考量。

生活型態 CHECK！

- 常常使用指尖進行精細工作
- 和長輩見面的機會頻繁
- 會參加學校或地區活動
- 有演奏樂器
- 有從事運動
- 包辦所有家事

難以抉擇設計款式的話……

如果選擇設計時感到頭疼的話，不妨看看這裡！

1

推薦給初學者！
零失敗的最強設計

單色

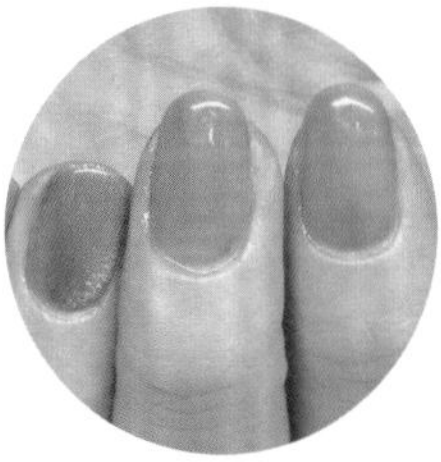

漸層

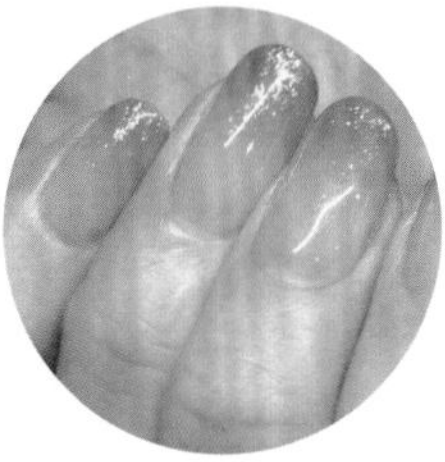

2

希望任何場合
都適用！

法式

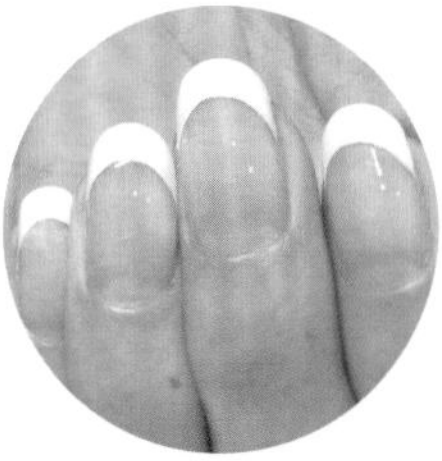

漸層

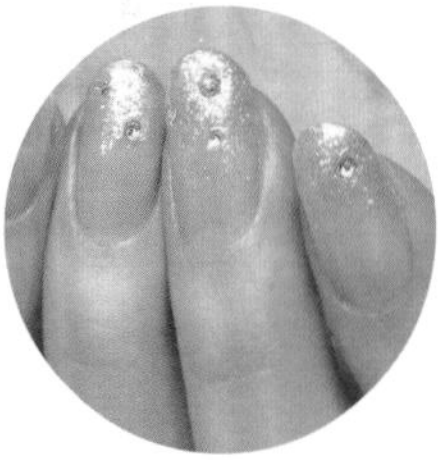

沒有彩繪的
較佳◎

3

想把興趣
反映在美甲上

不妨納入喜歡的元素

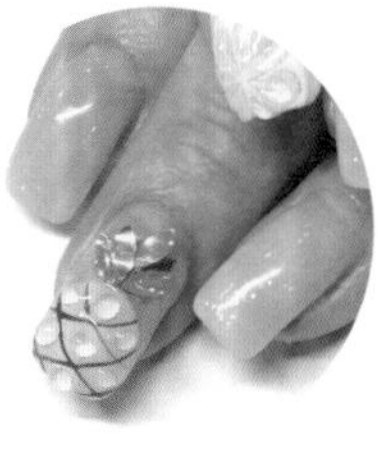

4

想營造出讓心情
為之一振的歡樂指尖

以季節性的活動或「我推」作為意象！

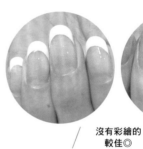

美甲顏色的選擇方法

和美甲設計同樣令人難以抉擇的就是顏色。這裡除了介紹顏色給人的印象，
以及搭配方法等等，同時也介紹關於色彩的基本知識，以及猶豫不決時的考量方法。

選擇顏色的基本知識

如同店面陳列著顏色豐富的指甲油一樣，美甲可使用的顏色繽紛多樣，甚至說無限多也一點都不為過。然而，為數如此眾多的顏色可能也讓選色的難度跟著提高……顏色的選用以及搭配組合方式，除了運用審美觀，也可以根據一般的色彩理論來選擇。

顏色的三大要素是「色相（色系）」、「明度（亮度）」、「飽和度（鮮豔度）」。再加上調整明度及飽和度而成的「色調（TONE）」，產生出各種繽紛的顏色。可以根據這些，並參考顏色的搭配模式，以及顏色給人的印象，來選擇美甲的顏色。

當然，也可以在美甲沙龍與美甲師一邊討論，找出符合期望的顏色！

色相（色系）

表示紅、藍、綠等色系的不同

明度（亮度）

表示顏色的亮度、暗度，會因加上白、灰、黑（無彩色）而變化

彩度（鮮豔度）

表示顏色的鮮豔度、色彩的濃淡程度

顏色的印象
會因美甲的質感而改變

美甲除了有光澤的亮面質感，還有霧面、珠光、通透、亮粉、金屬等各種不同質感。即使是相同顏色，完成後的印象也可能因選擇的質感而截然不同。不妨依喜好或場合搭配。

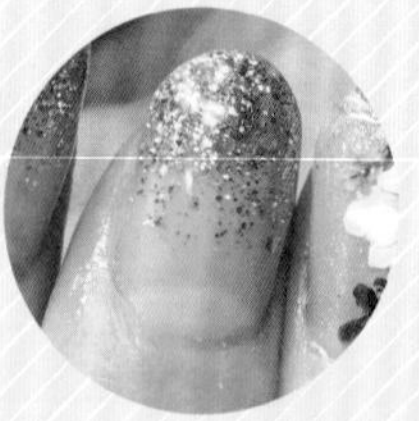

亮粉的例子。成品閃亮耀眼。亮粉的大小也會改變給人的印象。

霧面的例子。成品沒有光澤，即使是搶眼的顏色，也能給人低調的印象。

顏色具有的印象舉例

雖然顏色給人的印象會因為飽和度和明度而截然不同，但顏色具有所有人都會產生聯想的共通印象。

紅

容易搭配日本人肌膚的顏色。有讓膚色顯白、修飾的效果。用來作為點綴色也很好用。

白

各種場合都百搭的萬用色。具有整潔的印象，作為法式美甲的前端色是主流。

粉紅

有溫柔的印象，也有助於表現華麗感。透過粉紅色的拿捏，不管是甜美、優雅還是艷麗的風格都可以呈現。

藍

給予人沉穩而冷靜的印象。具有清澈整潔感，也可以營造出清爽宜人的印象。

黃

給人有朝氣而開朗的印象。想振奮心情時很適合。以季節而言，是會令人聯想到春、夏季節的顏色。

綠

由於會讓人聯想到植物等大自然，是營造平靜而放鬆氛圍的顏色。

基本的配色

配色是指顏色的搭配組合。因配色的不同，美甲的印象也會變化出各式各樣的面貌。不妨記得基本的4種配色模式。

同系色

以相同色相的濃淡來整合顏色的方法。有統一感，可打造出簡約而優雅印象的美甲。

相似色

紅與橙、橙與黃等等，色相相鄰的相近色組合。特徵是有適度變化，同時又容易取得平衡。

同色調

將顏色的鮮豔度和明度稱為「色調」，表現出顏色的印象。配合色調的話，更容易搭配組合出多個顏色。

對比色（互補色）

指藍與橙、紫與黃綠等等，色相當中具有對比性質的顏色。有相互襯托顏色的加乘效果。

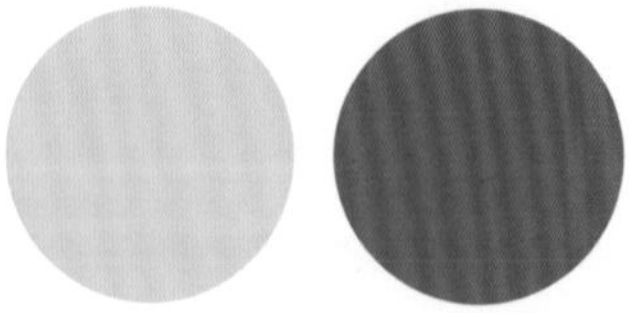

選色時猶豫不決的話……

根據美甲的風格，顏色選擇也會跟著改變。
依主要的印象類別，來確認適合的顏色吧！

1 推薦給初學者！零失敗的最強顏色

透明、米白、米、暗粉

2 如果想營造休閒、運動風的指尖

白、藍、綠、黃

3 如果想呈現優雅的成熟風美甲

紫、白、棕、香檳金

4 如果想營造少女般的印象

馬卡龍色（粉紅、黃、綠、水藍）

指甲保養

說「保養」是美甲最重要的一件事，一點也不為過。
以下介紹其中的理由，以及有助於提高美甲持久度的要點。

保養左右著美甲的成果

藉由保養，能使妝點指甲的美甲更加發揮其魅力。

其中尤其重要的，就是孕育美麗指甲的基礎——「甘皮」之處理。1個月1次左右定期進行保養，能促進指甲生長、讓指甲更為堅固。此外，也能增加指甲床（P.10）的長度，讓長出來的裸甲更為漂亮。保養不只能讓指甲看來更加修長美麗，更能提高美甲的持久度。

只不過，保養需要正確的知識和技術。若是由於簡單就毫無節制地自行處理的話，可能會傷害指甲或皮膚（肌膚），而造成反效果。無論如何都想自己保養時，在浴缸把甘皮泡軟後，再用紗布輕輕摩擦就很足夠了。保養後別忘了進行保濕。

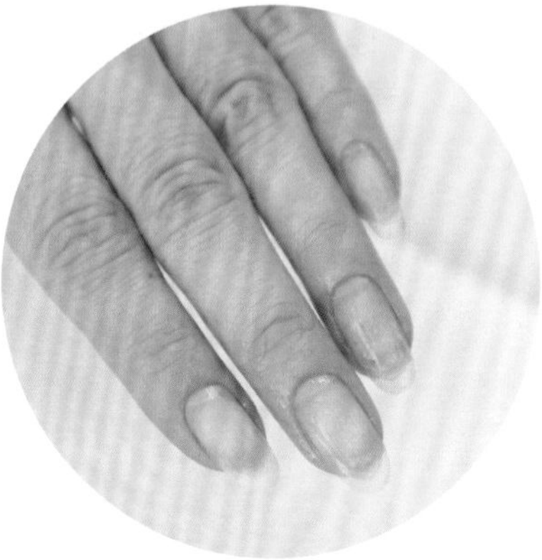

甘皮保養後的指甲

Memo

在美甲沙龍進行甘皮保養的主要流程

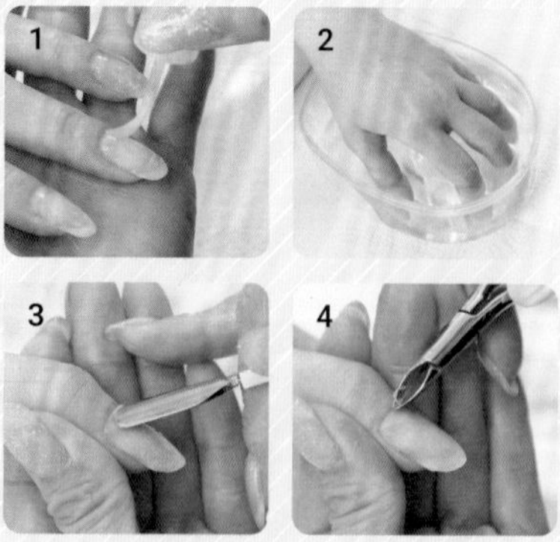

1. 將指甲周圍塗抹甘皮軟化劑或軟化乳。 **2.** 將手指浸泡於熱水中，使甘皮和指緣的角質軟化。 **3.** 以毛巾擦乾水分後，用金屬推棒輕輕推起甘皮。 **4.** 用紗布擦去汙垢，以甘皮剪剪掉甲上皮角質。

金屬推棒　**甘皮剪**

一般是美甲師用來處理甘皮的工具。也有些是以電動推棒代替金屬推棒。

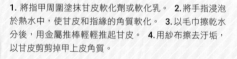

藉由早、中、晚保濕
來保護美甲

和肌膚一樣，指甲若是沒有充分保濕的話，就會變得乾燥，導致美甲的持久度變差。而且，乾燥的狀況若持續下去的話，指甲可能會變得容易受傷，例如裂開等等。為防止水分和油脂散失，勤於保濕非常重要。

指緣的皮膚乾燥的話，也是指甲乾燥的徵兆。記得每個「早上起床時」、「白天洗手後」、「睡覺前」，都要塗保養油或乳液。

可以的話，理想上是和臉部一樣，塗抹化妝水和美容液之後，再塗上保養油、最後塗上乳液。光是在睡前仔細做好保濕，效果就很值得期待。

此外，乾燥狀況特別嚴重時，在睡覺時戴上保濕手套，或是從事碰水的工作時戴上塑膠手套等等的保養方式也很好。為了延長可以欣賞喜愛美甲的時間，必須靠日常的保濕來維持美麗的狀態。

護手霜　　**保養油**

指甲和指緣可使用保養油來保濕，整個手部則使用護手霜。保養油不限於美甲使用，可選用自己喜好的香味或質地。為防止甲下皮（P.10）剝落，保養油需確實塗至指甲下方。

Memo

不可以用指甲刀
剪指甲！

指甲是由3層所構成（P.10），如果用指甲刀剪的話，這個層容易斷裂，而形成指甲分層。因此，覺得指甲太長時，用指甲銼修磨是基本做法。如果想使用指甲刀，建議在修剪後使用指甲刀附的銼刀加以修磨。

主要的指甲銼

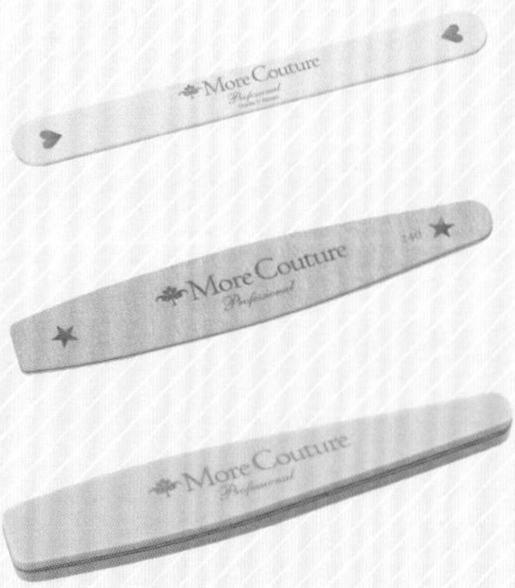

磨砂棒

用來修整指甲長度和形狀的磨棒。為避免指甲分層，務必往單一方向修磨。

磨棒

用來修整指甲長度和形狀的指甲銼。

海綿磨棒

海綿材質的磨棒。用於塗凝膠之前的打磨，或修磨指甲表面。

\ 常保亮麗的美甲 /

不傷指甲的日常習慣

為了防止產生裂痕或缺角等損傷，除了保濕以外，日常中留意一些小地方也很重要。
來參考「OK、NG習慣」，過著不傷美甲的每一天吧！

OK習慣

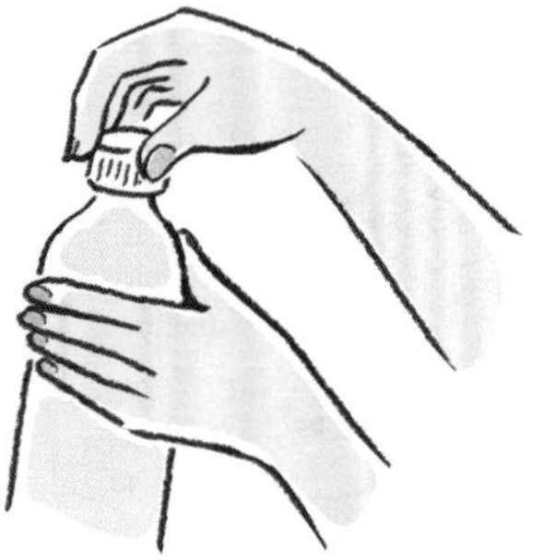

○ 用指腹打開寶特瓶

用指尖打開堅硬的寶特瓶的話，會對指甲造成負擔，所以要避免。應該用拇指和食指的指腹旋轉瓶蓋。

○ 穿鞋時使用鞋拔

穿鞋時，是否習慣用手指去壓鞋跟呢？這樣會對指甲造成負擔，傷害很大。請使用鞋拔聰明穿鞋！

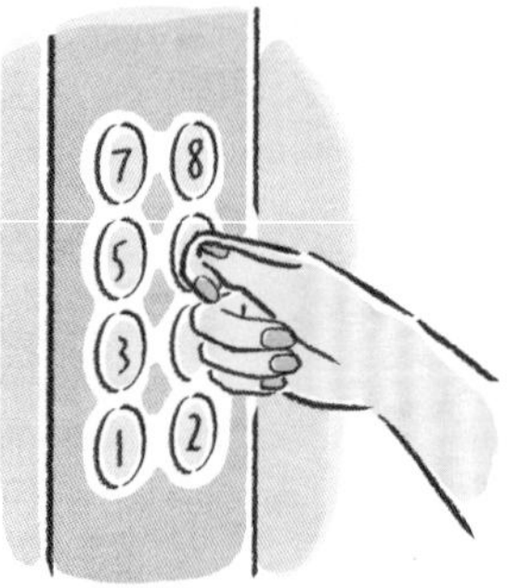

○ 用手指的關節按按鈕

用指尖硬壓按鈕的話，容易對指甲造成意外的傷害。記得用手指的第二關節等部位輕按。

○ 清掃浴室時戴上橡膠手套

使用次氯酸這類強力的藥劑來清掃時，不只是美甲，對皮膚也會造成傷害。一定要戴上手套。

NG習慣

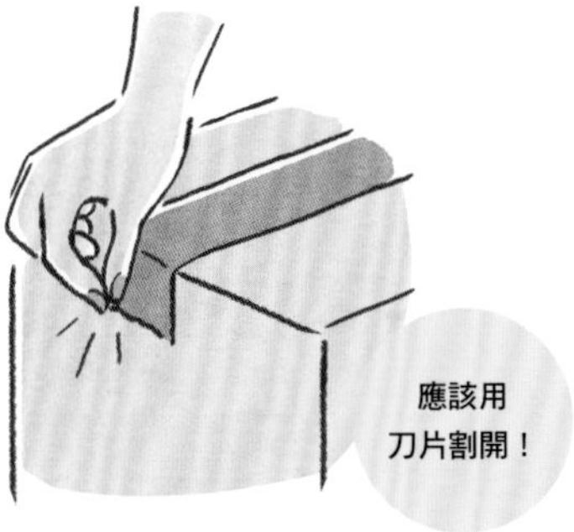
應該用
刀片割開！

╳ 用指甲開箱

開箱或是撕除膠帶、貼紙時，要使用刀片！打開點心的包裝袋時也需留意，不要用指尖。

應該用指腹
壓鍵盤！

╳ 用指甲敲電腦鍵盤

每天在工作中用指甲反覆敲打電腦鍵盤的話，會對指甲累積負擔。應該用指腹來按壓。

應該使用
開罐器！

╳ 用指尖拉開拉環

拉開罐頭等物的拉環時，絕對不可以使用指尖。一定要用其他方法，例如使用專用開罐器或湯匙等等。

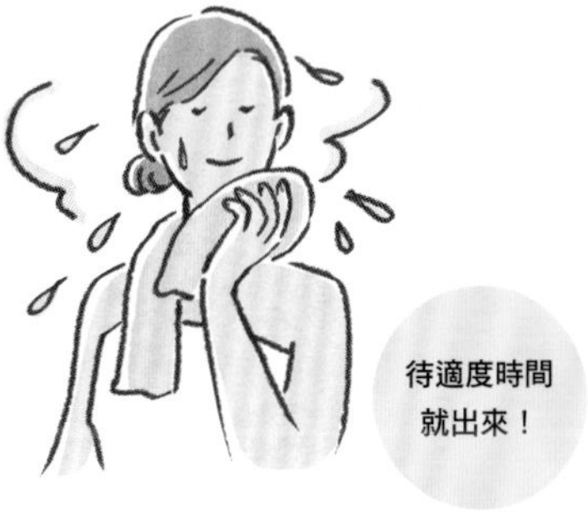
待適度時間
就出來！

╳ 長時間待在蒸氣烤箱或岩盤浴

凝膠或壓克力美甲的話，過度出汗容易導致剝離。同樣的，在泳池或海邊這些地方，泡水也應適度。

＼這種時候該怎麼辦呢!?／

請教教我！美甲救急

美甲出了狀況！但是又無法馬上到美甲沙龍去⋯⋯
以下介紹這種時候能派上用場的應急措施。

Case 1

做了美甲的指甲裂開了！

指甲常常因不經意的狀況而意外裂開。萬一出現裂痕，不要硬拉扯或活動指甲，應使用OK繃等物牢牢固定。置之不理的話，裂痕會愈來愈大，甚至感到疼痛。最好盡快到美甲沙龍修復。

Case 2

美甲的一部分剝離了⋯⋯

無論如何都急著把剝離的部分隱藏起來時，可以輕輕塗上含有亮粉的指甲油。含有亮粉的話，因為閃閃發亮的關係，看起來就不會那麼明顯突兀。只不過，指甲油塗著置之不理的話，可能因水分滲入等原因而造成綠指甲（P.196），必須留意。

Case 3

指甲折斷了⋯⋯

如果是從負荷點（P.10）開始裂得很深的情況，由於會感到疼痛，建議暫時用OK繃保護。到美甲沙龍請人處理的話，用壓克力以人工方式延長指甲，可以緩解疼痛。如果只有一部分指甲缺損，總是勾到衣服的話，可以用指甲銼輕輕修平。

Case 4

只有一天不論如何都必須把美甲藏起來

突然因為喪禮等緣故，只有一天想把美甲隱藏起來時，可以在凝膠美甲或壓克力美甲上方，塗一層米色這類顏色不顯眼的指甲油。有立體配飾的話，也可以用OK繃蓋住。只不過，卸除指彩時，必須使用不含「丙酮」的去光水，否則連原來的美甲也會跟著被卸掉。手邊備有一雙黑色蕾絲手套的話比較方便，百元商店等地方都有販售。

Case 5

美甲的配件不小心脫落了!?

美甲上黏的配件突然脫落了!!這時可以用黏著劑貼回原來的位置。只不過，這只是暫時簡單貼上的狀態，必須再到美甲沙龍請人黏牢。

Memo

善加利用美甲沙龍的保養項目

再怎麼留意，還是會在不經意之中不小心出狀況。在傷害擴大以前，到美甲沙龍請專人修復會比較安心。有保養服務的美甲沙龍可以只做指甲保養。像是補強薄指甲、修補分層指甲等等，能因應各種狀況。有指甲的疑難雜症，不妨前往諮詢看看。

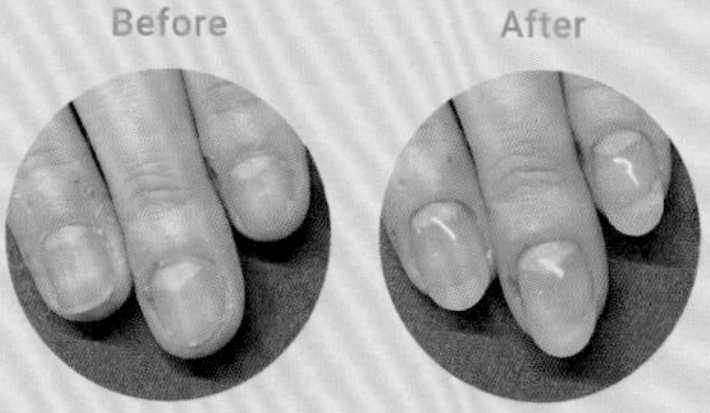

如果有指甲斷裂，或是原本就長不長這類煩惱時，也可以用壓克力美甲製作擬真指甲！

Column 1

美甲沙龍到底是什麼樣的地方？

雖然用美甲沙龍一詞一語帶過，但其實從在自家從事的個人沙龍，
到有多名美甲師進駐的大型美甲沙龍，各式各樣都有。
以下介紹「美甲沙龍　エトワール目黑店」的外觀作為例子。

店內使用白色和深棕色為基調，明亮而有整潔感。可以在開放式的明亮店裡，以放鬆的心情享受美甲之樂！

負責的美甲師以親和的態度幫忙彩繪上希望的美甲。不清楚的地方或擔心的事項，不妨放寬心提出來一起討論看看！

也有彩繪用的工具！

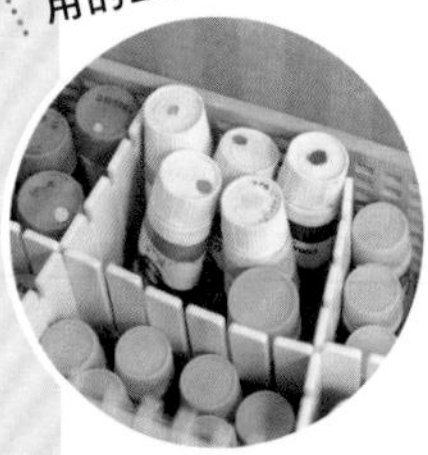

美甲時必備的工具，從消毒到保養用品應有盡有。適當而正確地使用這些工具，就能打造出動人的美甲。

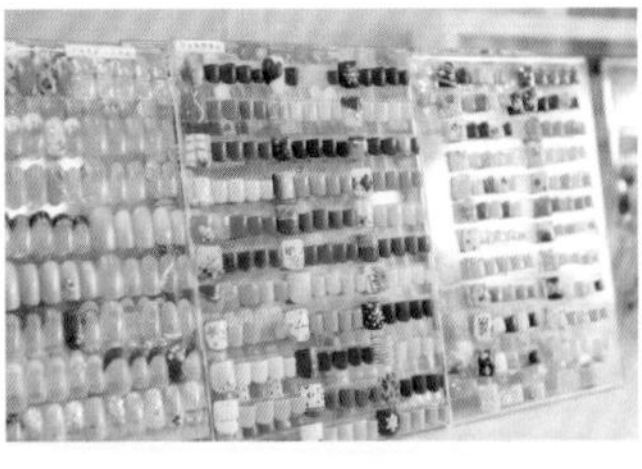

美甲的設計樣品一字排開。對於顏色或設計猶豫不決的話，也可以參考這些樣品，再和美甲師討論。

Part.
2

不同設計的
美甲設計

美甲不論是顏色還是設計，都有豐富而多樣的變化。
這裡分為單色、漸層、法式等等，
以設計分門別類，介紹多種魅力十足的美甲。
宛如寶石般閃閃發光的美甲們，
光看就令人開心無比！

Simple

簡 約

集結了以單色為基礎的樸素美甲。
可利用重點元素點綴，享受各式各樣的風貌。

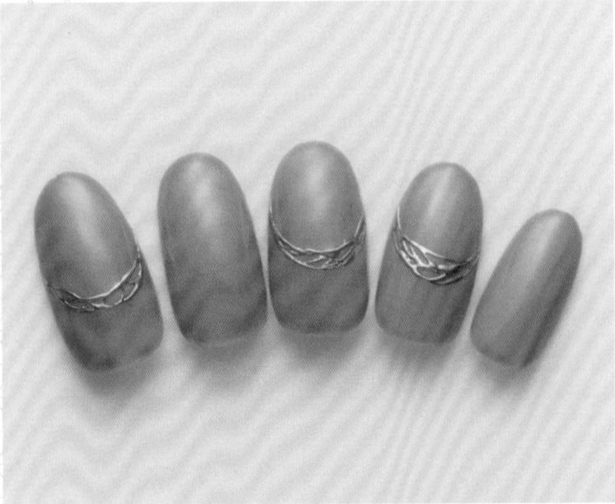

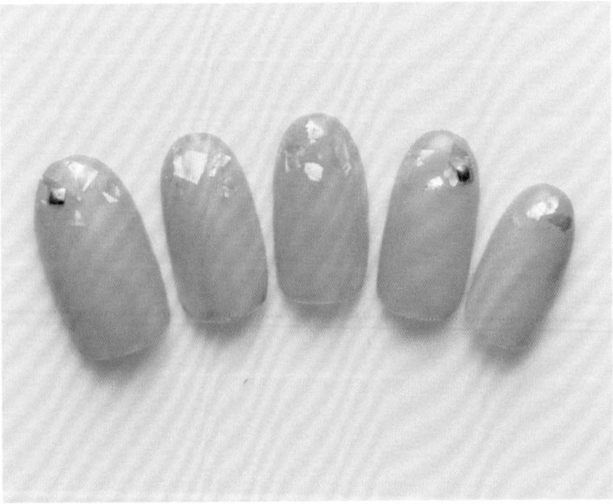

Lupinas

nail Primera

S♡Mint

puu daikanyama

La Flore

Portulaca

La casetta

hokuri

uka

Lupinas

Portulaca

nail Primera

簡約

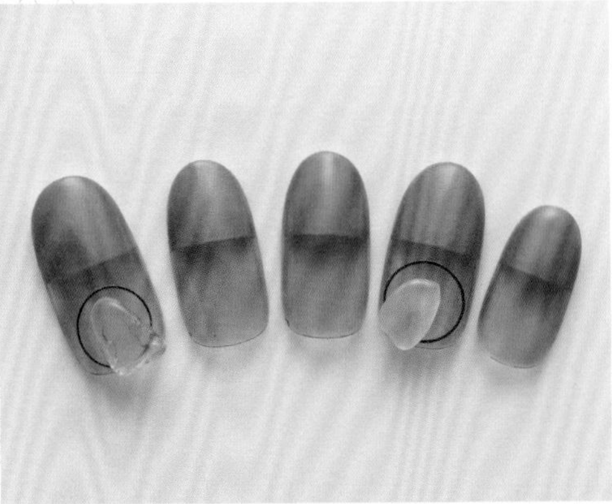

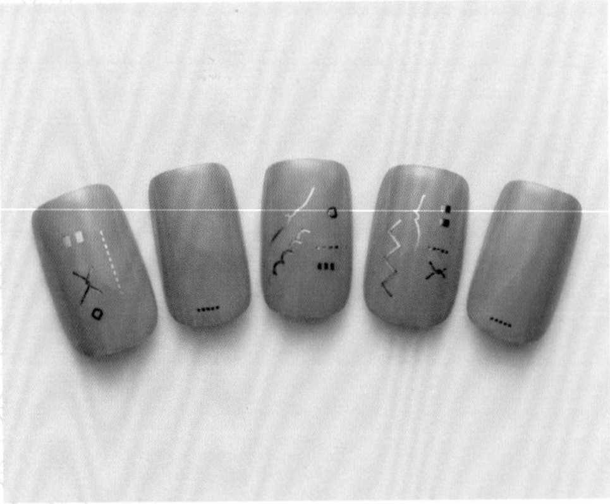

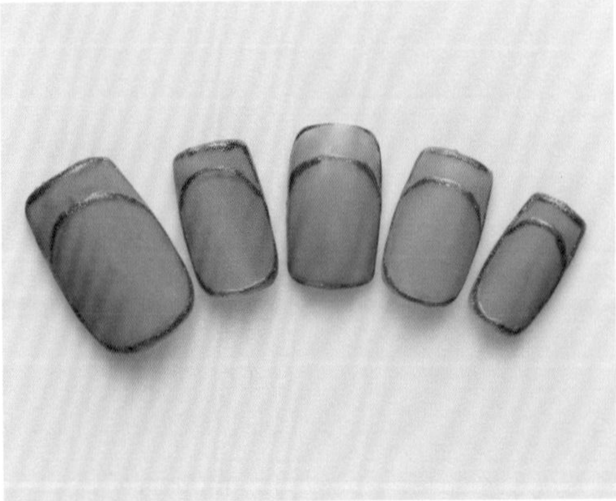

hiyonail

nail_calme

hokuri

Lyreivy

uka

La Flore

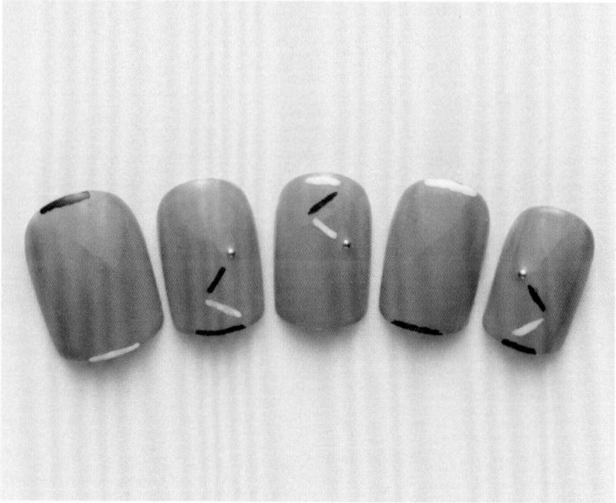

Lupinas

hokuri

puu daikanyama

virth+LIM

nail_calme

nail Primera

亮粉

閃耀著纖細光芒的亮粉。
打造出華麗的指尖。

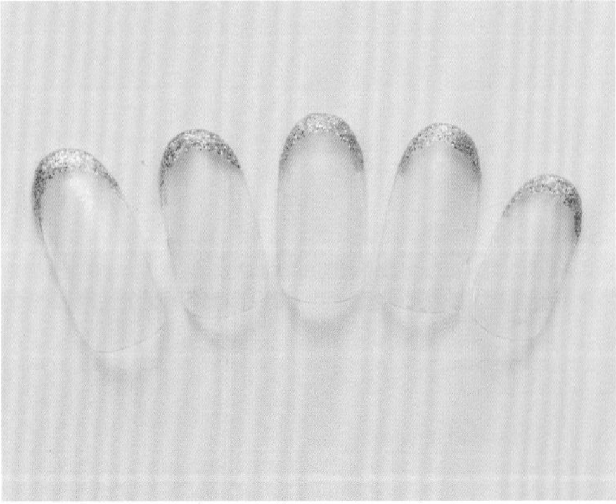

atelier+LIM

La casetta

nail_calme

Lupinas

ATORI NAIL

Portulaca

nailsalon ma-ni

hiyonail

puu daikanyama

effrontee tokyo / kyoko

Portulaca

ATORI NAIL

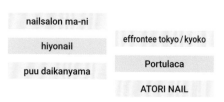

亮粉

effrontee tokyo / kyoko

Nailsalon Bliss

Portulaca

Lyreivy

nail jam

hiyonail

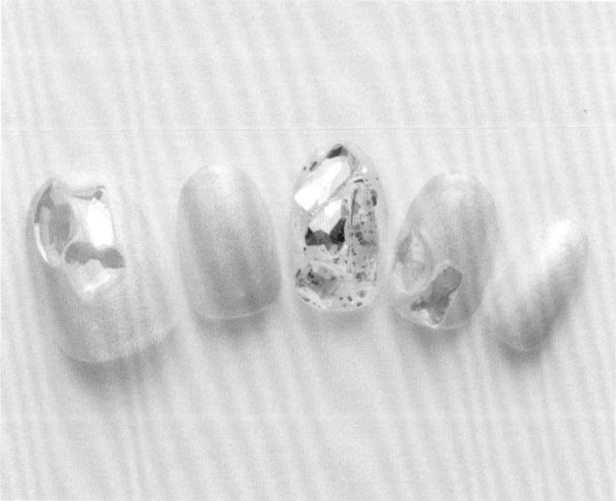

Lupinas

nailsalon ma-ni

nail jam

uka

nail salon an cherir

ATORI NAIL

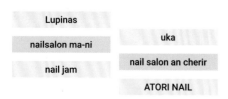

亮片

只需放上少許亮片，就能完成閃耀動人的美甲。
請盡情欣賞來自各種不同角度的光芒。

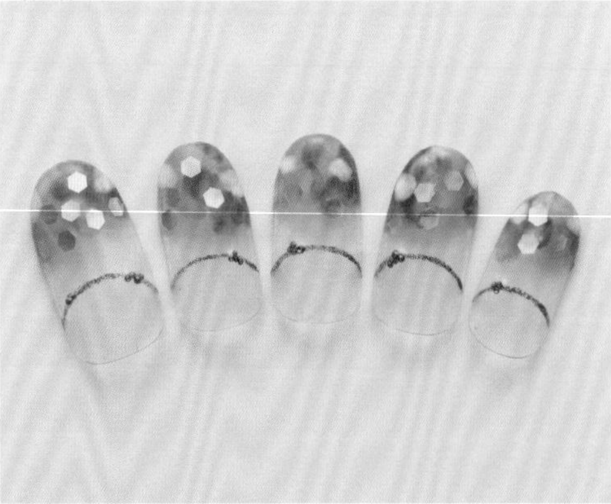

nail jam

atelier+LIM

Portulaca

Lupinas

S♡Mint

virth+LIM

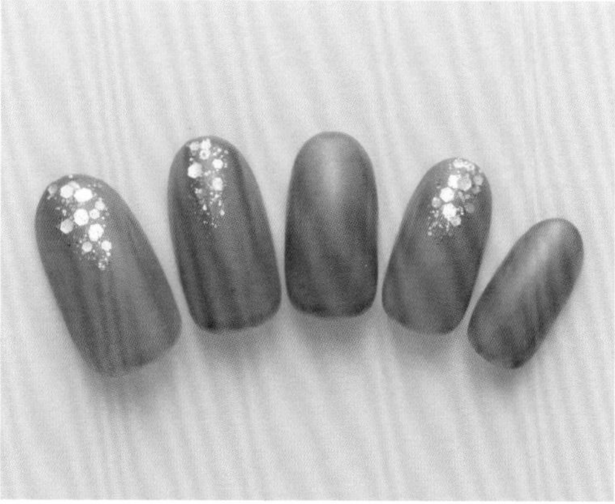

nail Primera

effrontee tokyo / kyoko

Lupinas

S♡Mint

flicka nail arts

La Flore

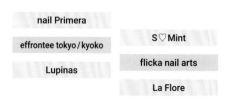

亮片

ATORI NAIL

Lupinas

S♡Mint

nail_calme

Nailsalon Bliss

ATORI NAIL

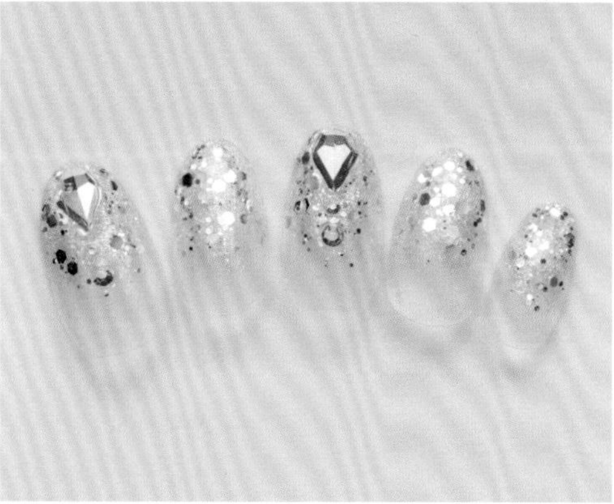

nailsalon ma-ni

puu daikanyama

effrontee tokyo / kyoko

atelier+LIM

ATORI NAIL

S♡Mint

漸 層

色系或顏色的濃淡、亮度逐步變化，是漸層的魅力所在。
混搭2種顏色也很漂亮！

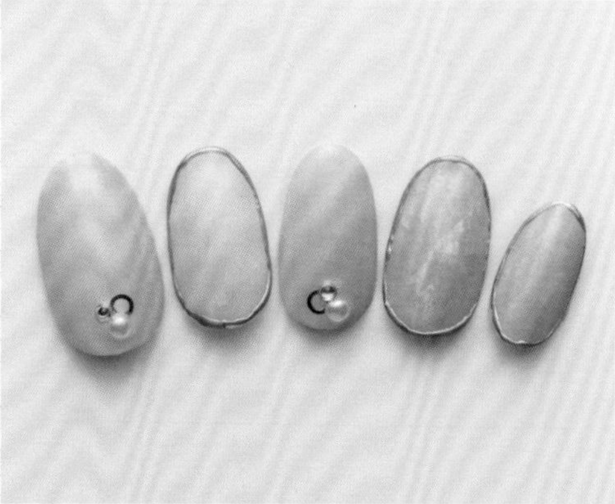

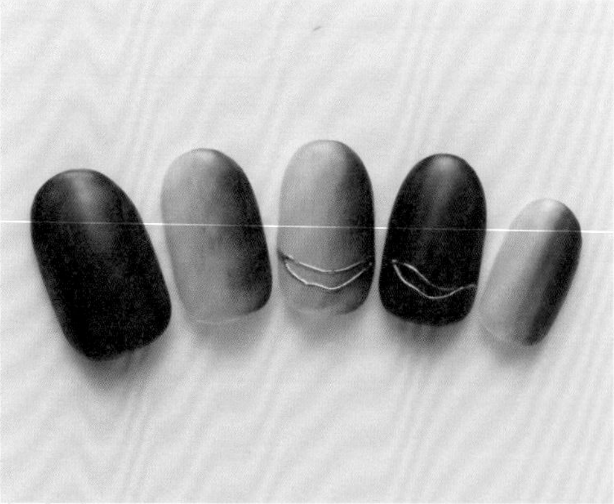

Portulaca

ATORI NAIL

La casetta

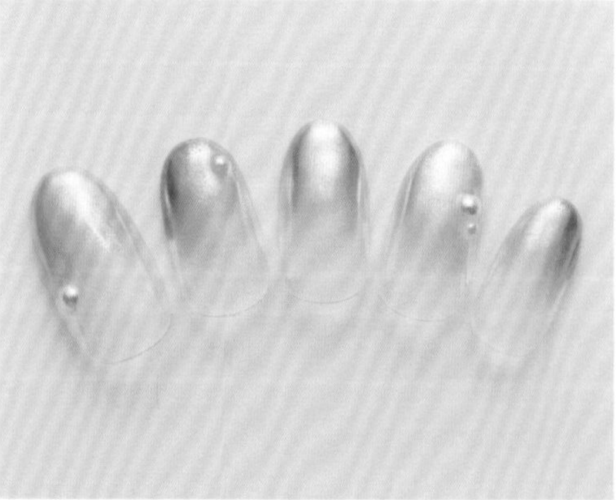

Portulaca

hiyonail

uka

Lupinas

Lyreivy

hiyonail

puu daikanyama

Portulaca

virth+LIM

大理石紋

混合2色以上的大理石紋。依顏色的搭配組合或混合方式，能變化出多種不同的氛圍。

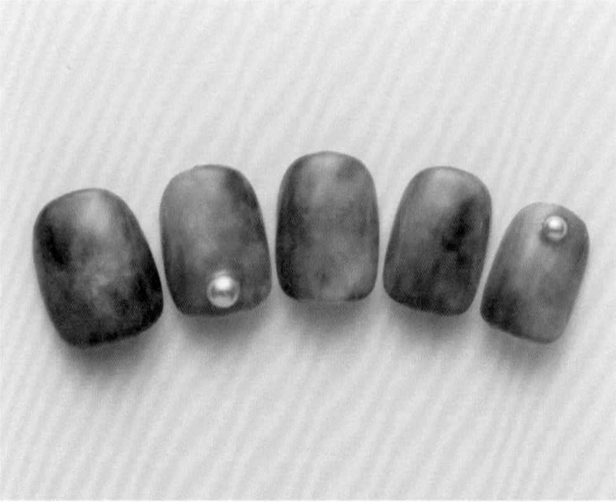

La casetta

しろくまnail

DLAW TOKYO

niiina

hiyonail

atelier+LIM

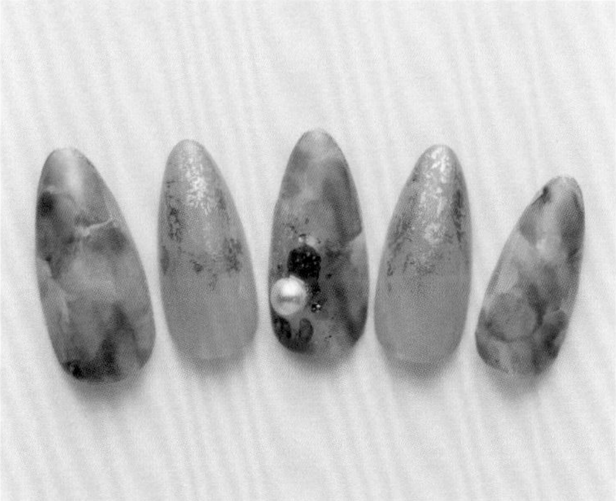

nail salon an cherir

Nailsalon Bliss

uka

flicka nail arts

effrontee tokyo / kyoko

virth+LIM

Marble

大理石紋

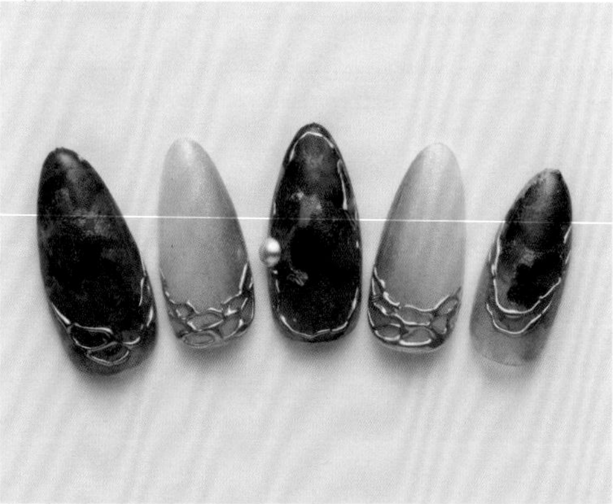

La casetta

atelier+LIM

Nailsalon Bliss

virth+LIM

puu daikanyama

Portulaca

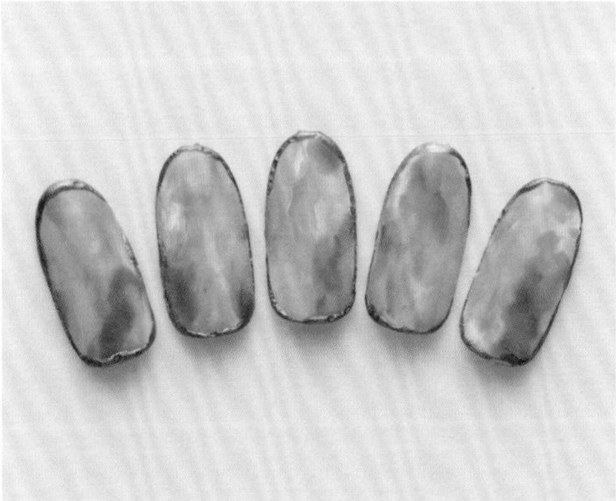

ATORI NAIL

Nailsalon Bliss

puu daikanyama

ATORI NAIL

effrontee tokyo / kyoko

しろくまnail

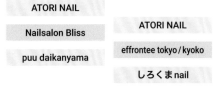

條紋

條紋給人休閒的印象。會因線條的寬度以及色系而轉變為優雅風。作為點綴也很不錯。

hiyonail

ATORI NAIL

effrontee tokyo / kyoko

Portulaca

effrontee tokyo / kyoko

nail Primera

Lyreivy

nail Primera

effrontee tokyo / kyoko

effrontee tokyo / kyoko

hiyonail

しろくま nail

圓點

圓滾滾的可愛圓點。不管使用哪一種顏色，
都能增添柔和而俏皮的印象。

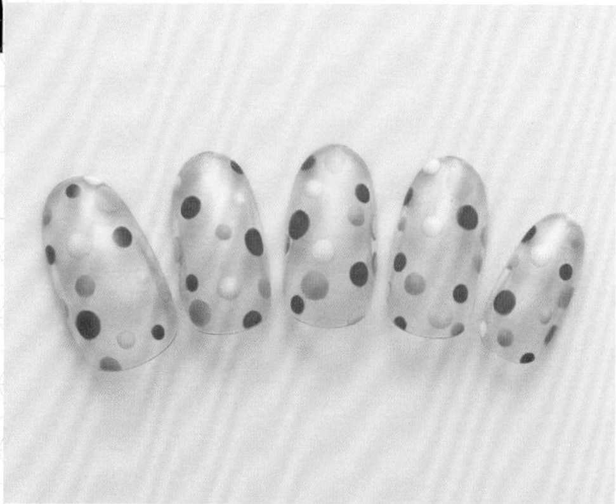

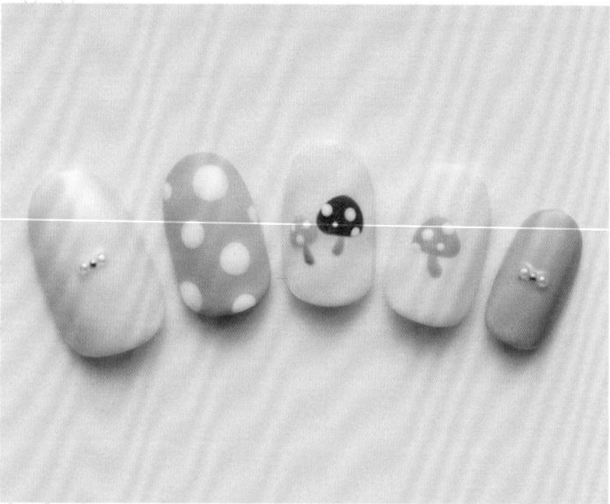

hiyonail

hokuri

La casetta

uka

しろくまnail

Portulaca

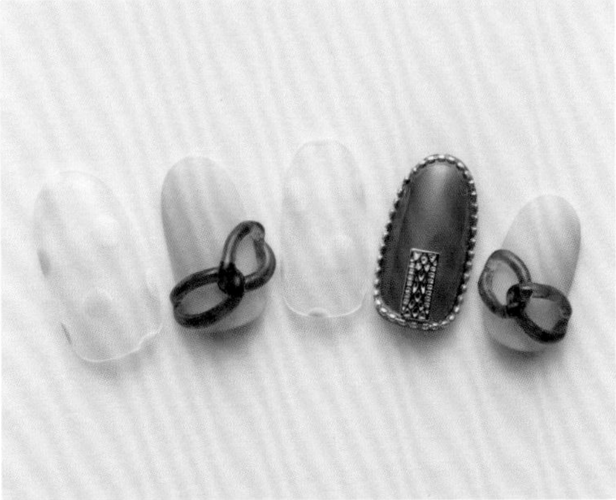

S♡Mint

hiyonail

しろくまnail

しろくまnail

uka

coconail's gallery

Checked

格紋

作為時尚的重點元素而大受歡迎的格紋。
也可時髦地運用在美甲上。

ATORI NAIL

flicka nail arts

nail_calme

nail jam

coconail's gallery

uka

effrontee tokyo / kyoko

La casetta

puu daikanyama

Lyreivy

nailsalon ma-ni

Nailsalon Bliss

Blocking

色塊

自由分割、分別塗上多種顏色的色塊美甲。
繽紛而有型。

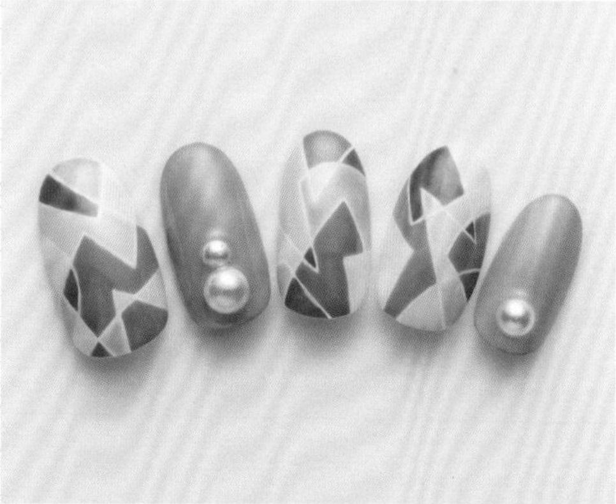

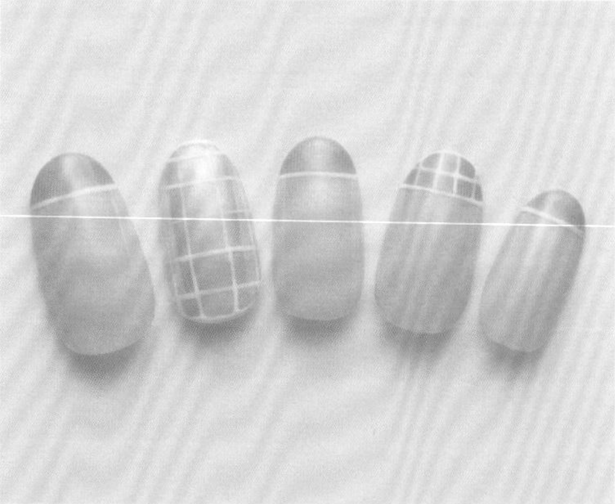

puu daikanyama

hiyonail

uka

effrontee tokyo / kyoko

flicka nail arts

puu daikanyama

flicka nail arts

uka

しろくま nail

effrontee tokyo / kyoko

hiyonail

puu daikanyama

French

法式

將指尖塗成白色的美甲經典款式──「法式」。有白色以外的顏色、加入圖案，或是變形、指甲根部的法式等等，種類豐富。

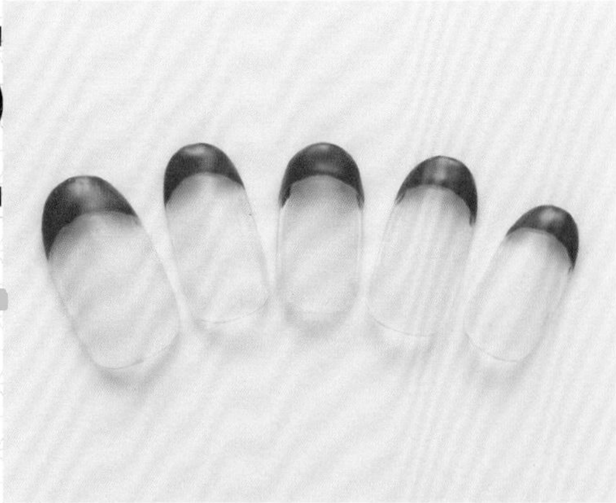

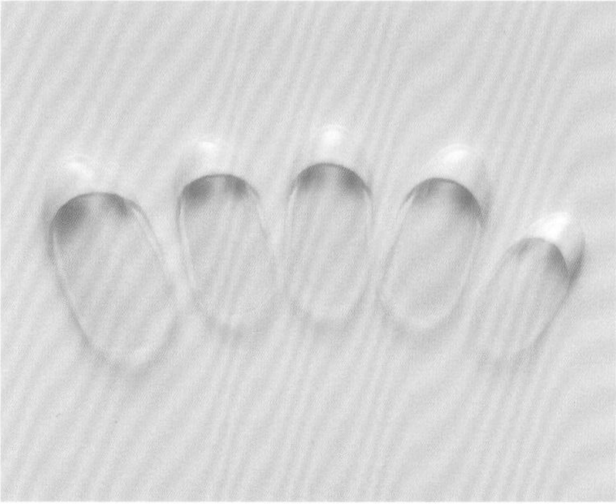

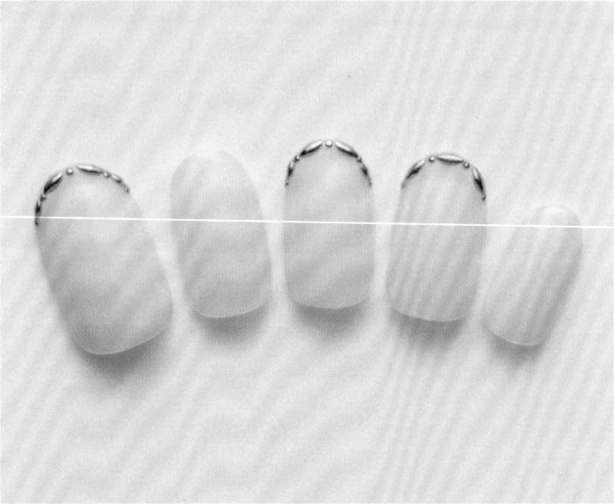

Portulaca

La Flore

La casetta

Portulaca

nail_calme

puu daikanyama

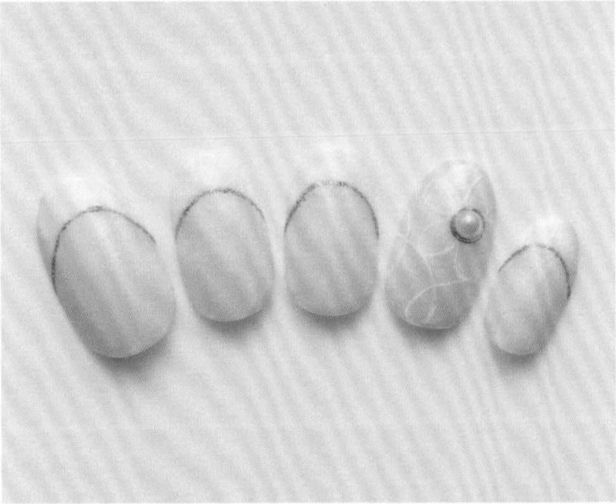

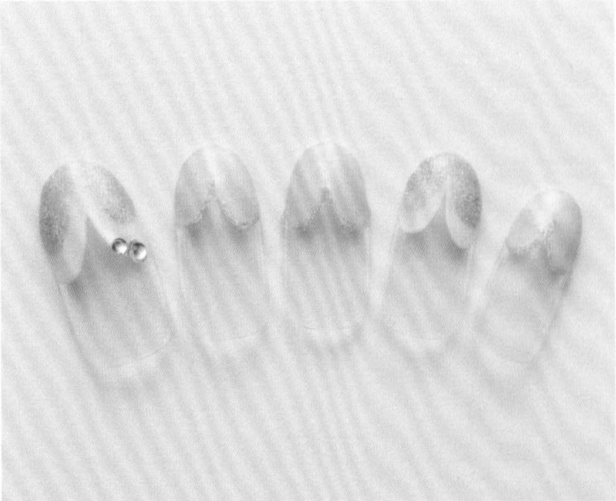

nail_calme

flicka nail arts

ATORI NAIL

Portulaca

uka

coconail's gallery

French

法式

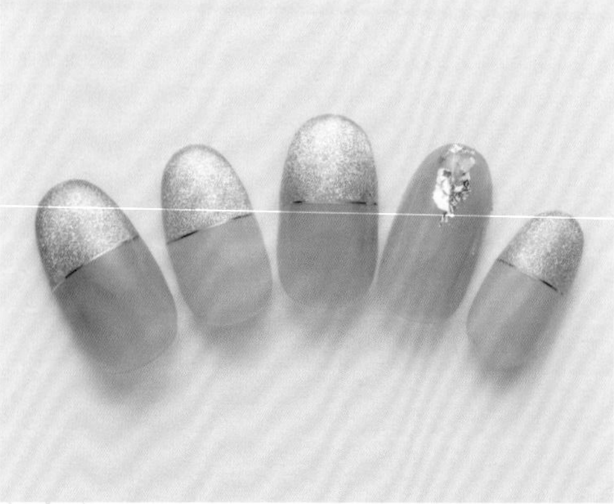

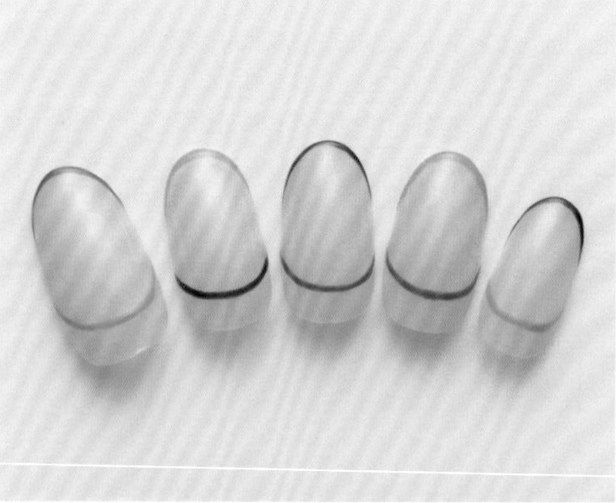

uka

Lupinas

nail salon an cherir

nailsalon ma-ni

uka

Portulaca

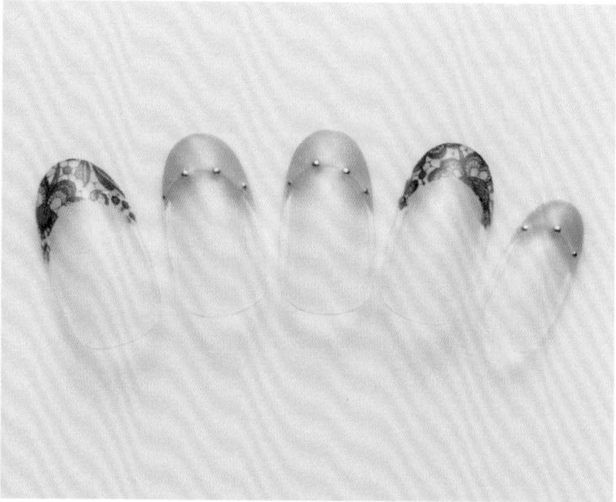

uka

niiina

La casetta

flicka nail arts

coconail's gallery

uka

法式

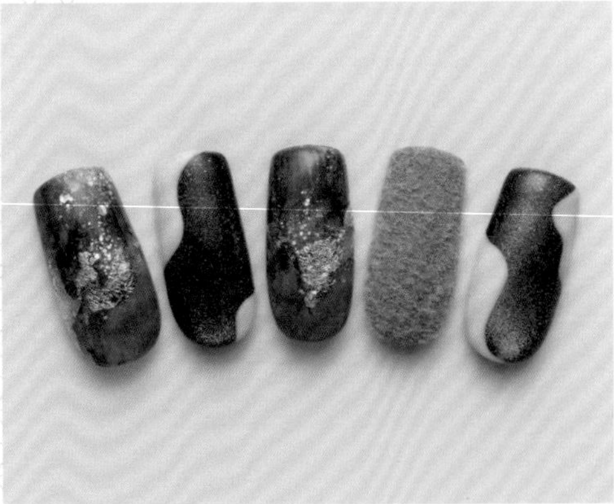

virth+LIM

hiyonail

effrontee tokyo / kyoko

Portulaca

Lyreivy

Lupinas

effrontee tokyo / kyoko

atelier+LIM

effrontee tokyo / kyoko

Nailsalon Bliss

hiyonail

atelier+LIM

暈染

打造自然時尚指尖的暈染美甲。
搭配其他彩繪也很不錯！

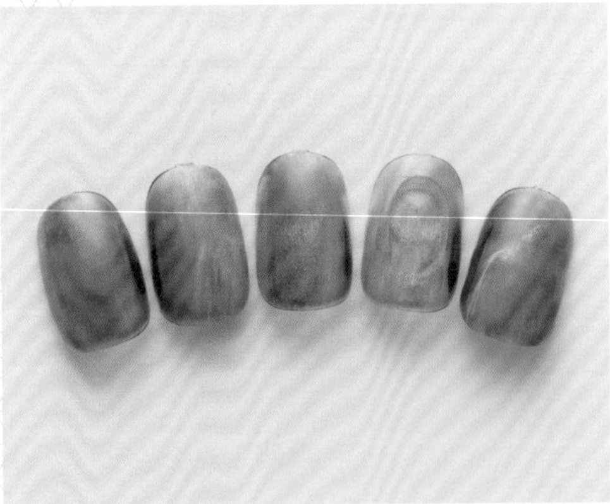

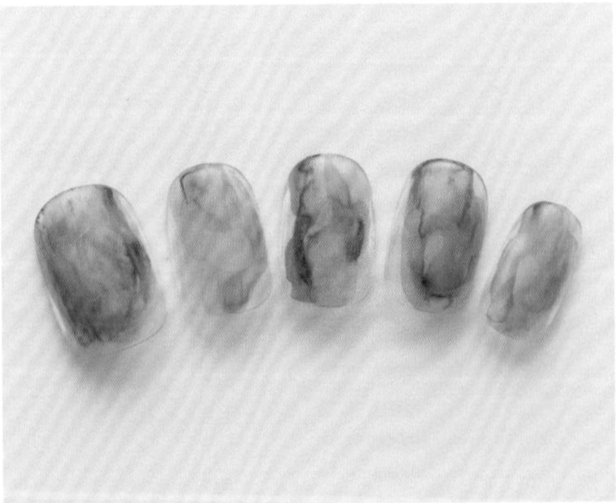

nailsalon ma-ni

niiina

puu daikanyama

nail jam

virth+LIM

atelier+LIM

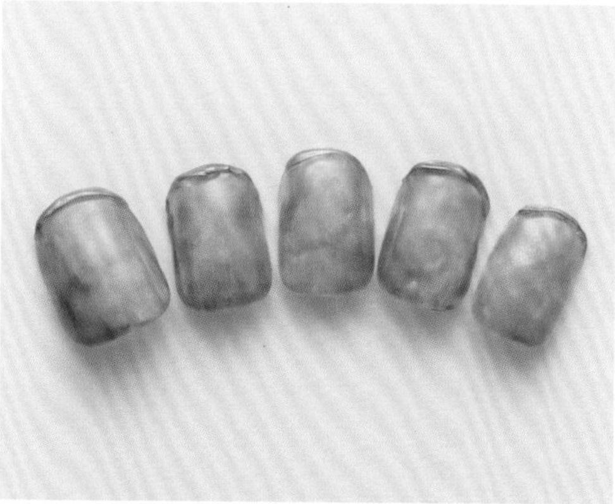

effrontee tokyo / kyoko

niiina

uka

atelier+LIM

hiyonail

uka

暈染

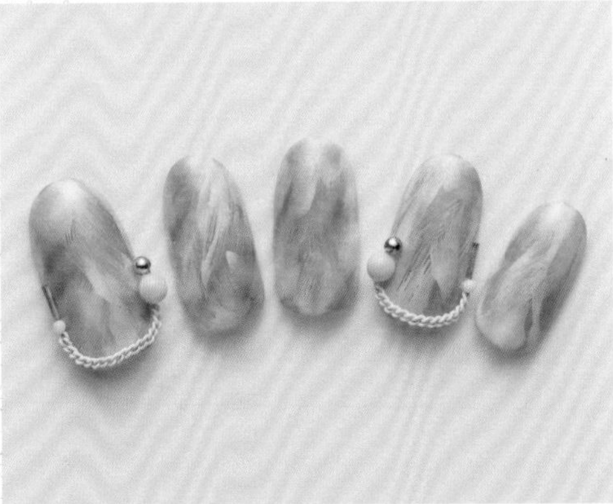

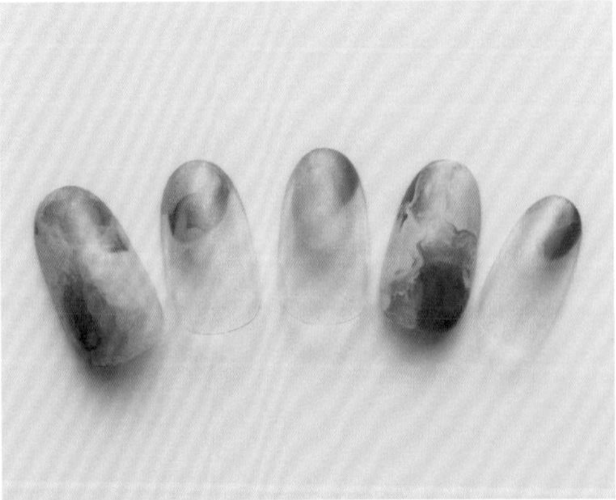

uka

hiyonail

nail Primera

flicka nail arts

nail Primera

uka

nail_calme

effrontee tokyo / kyoko

ATORI NAIL

DLAW TOKYO

nail jam

しろくまnail

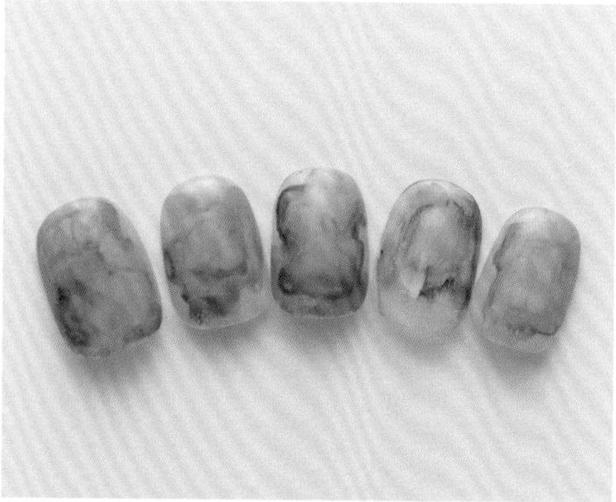

Tweed

花呢

不只是寒冷的季節，在正式的場合也容易搭配的花呢。
只要加入一根手指，就能成為美甲的主角。

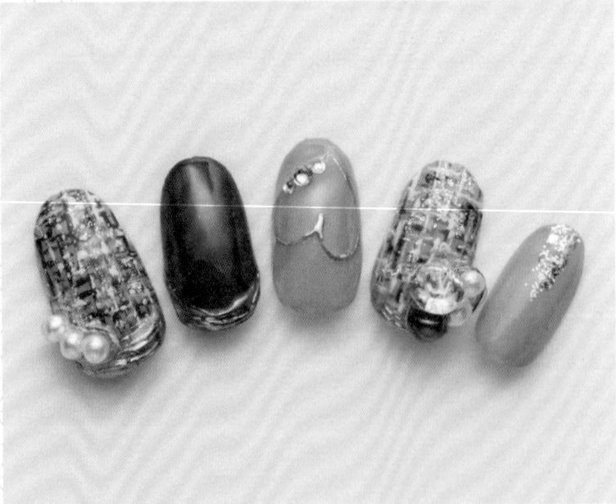

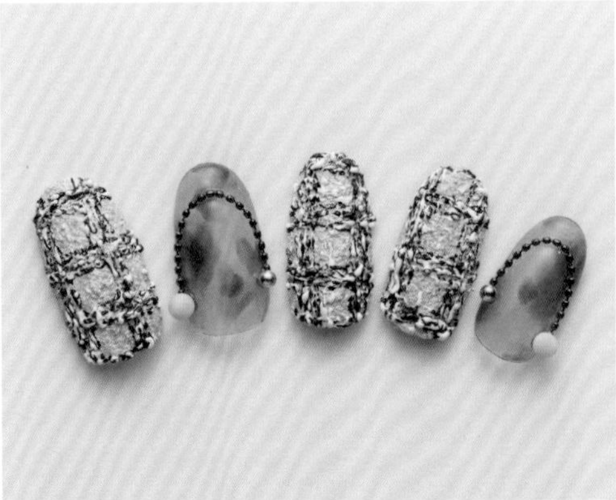

puu daikanyama

Nailsalon Bliss

La Flore

hiyonail

Nailsalon Bliss

effrontee tokyo / kyoko

flicka nail arts

nail Primera

hiyonail

S♡Mint

Nailsalon Bliss

nail Primera

線條彩繪

如同流動般的線條中充滿了玩心！
呈現時尚有型的指甲。

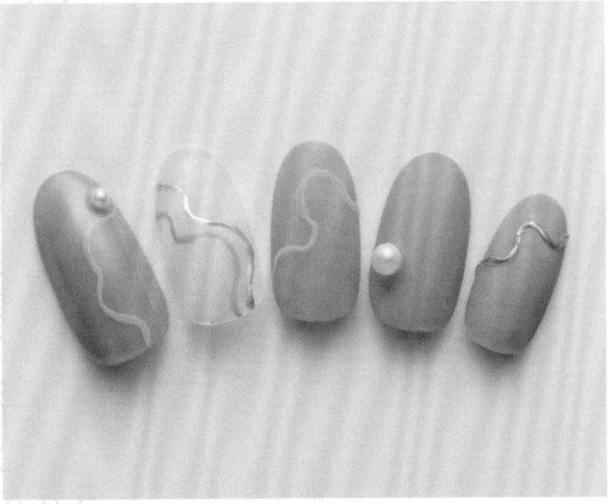

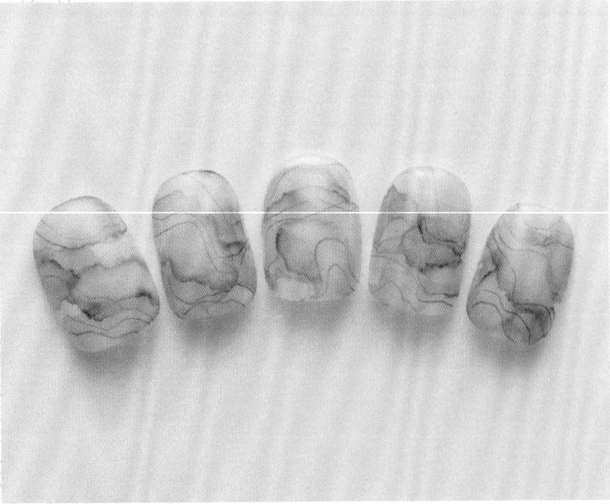

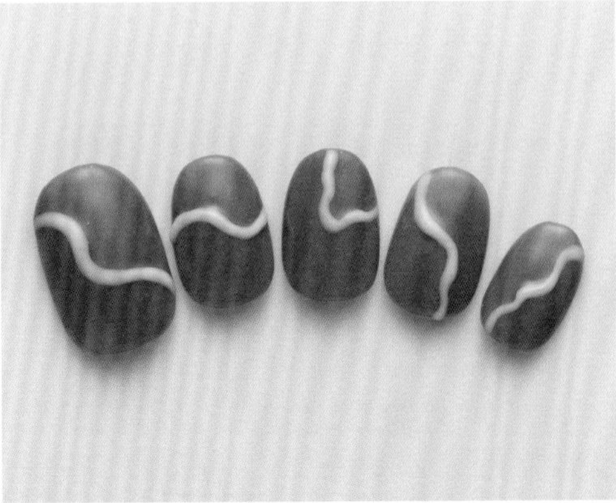

hokuri

uka

DLAW TOKYO

nail_calme

effrontee tokyo / kyoko

puu daikanyama

未完成

不將整個指甲上色的
「未完成」感魅力十足。

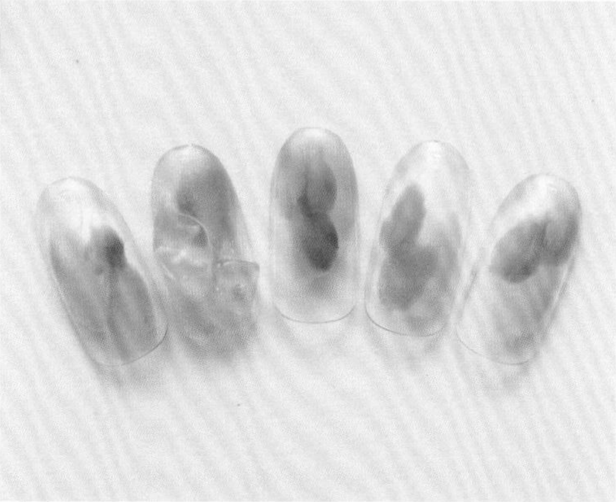

Lyreivy

puu daikanyama

effrontee tokyo / kyoko

virth+LIM

しろくまnail

puu daikanyama

Tortoiseshell/Marble

玳瑁・大理石

活用大理石紋的玳瑁・大理石美甲。
打造出充滿成熟女人味的美麗指尖。

nail jam

flicka nail arts

uka

nail Primera

nail_calme

La Flore

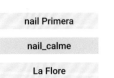

hiyonail

Lyreivy

flicka nail arts

nail Primera

flicka nail arts

nail Primera

鏡 面

以如同鏡子般的光澤感，營造金屬光輝的鏡面美甲。
能實現酷炫風格的指尖。

DLAW TOKYO

puu daikanyama

DLAW TOKYO

uka

Lyreivy

nail_calme

flicka nail arts

effrontee tokyo / kyoko

Nailsalon Bliss

Nailsalon Bliss

La casetta

coconail's gallery

Mirror

鏡 面

niiina

flicka nail arts

nail Primera

nail_calme

Nailsalon Bliss

coconail's gallery

磁吸

從內側散發出閃耀絢麗的光芒，是磁吸式美甲的魅力。
即使只添加一部分，也存在感十足！

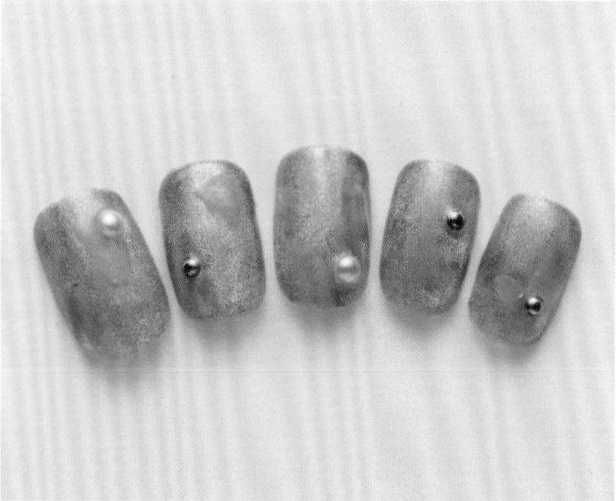

atelier+LIM

DLAW TOKYO

hokuri

flicka nail arts

virth+LIM

nail_calme

Magnet

磁吸

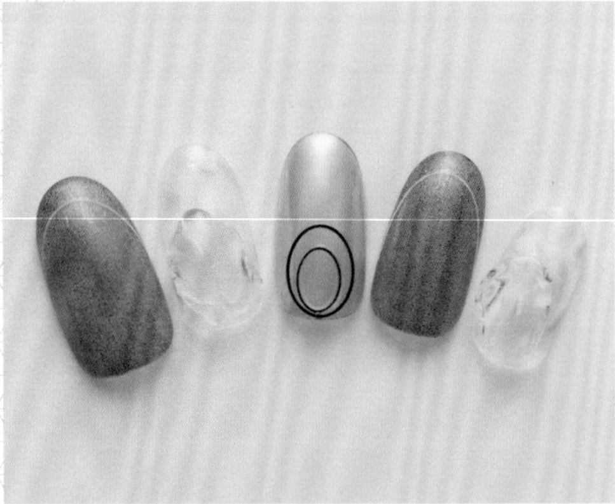

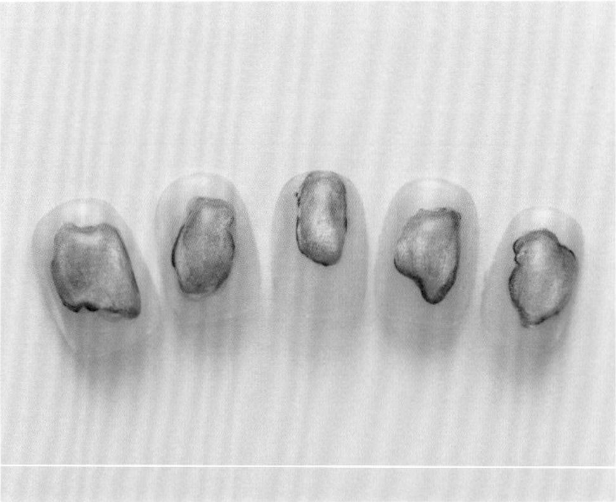

S♡Mint

Lupinas

hiyonail

La casetta

DLAW TOKYO

S♡Mint

Lyreivy

virth+LIM

DLAW TOKYO

uka

S♡Mint

hiyonail

立體

具有立體感的指甲彩繪魅力十足！
請盡情欣賞充滿獨創性的指尖♪

Lyreivy

effrontee tokyo / kyoko

nail jam

nail jam

La Flore

ATORI NAIL

flicka nail arts

Lupinas

coconail's gallery

virth+LIM

effrontee tokyo / kyoko

La Flore

其他

還有眾多亮麗動人的美甲！
以下介紹到此為止介紹不完的精選美甲。

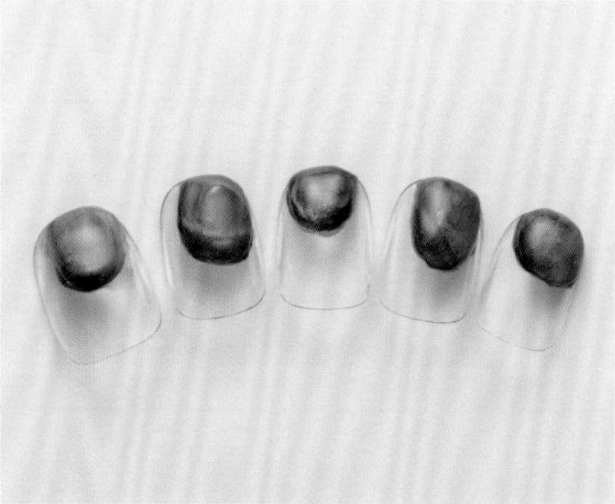

DLAW TOKYO

niiina

puu daikanyama

puu daikanyama

しろくまnail

ATORI NAIL

ATORI NAIL

DLAW TOKYO

puu daikanyama

flicka nail arts

uka

Lupinas

Column

2

各式各樣的裝飾配件

想在美甲上加些點綴時，裝飾配件將大大派上用場。
從小巧簡約的鉚釘或寶石，到色彩繽紛、存在感十足的配件，
可以依個人喜好或心情享受搭配的樂趣。

能享受自由
搭配樂趣的鉚釘

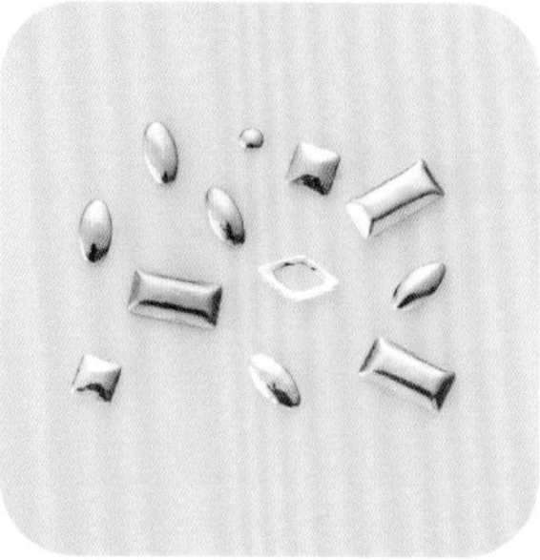

彩色的小熊
超級可愛！

只要在單色當中
加入珍珠，
瞬間變得華麗！

有立體感的蝴蝶，
存在感十足

天然礦石也
照樣放上美甲！

水鑽的長度
可以調整！

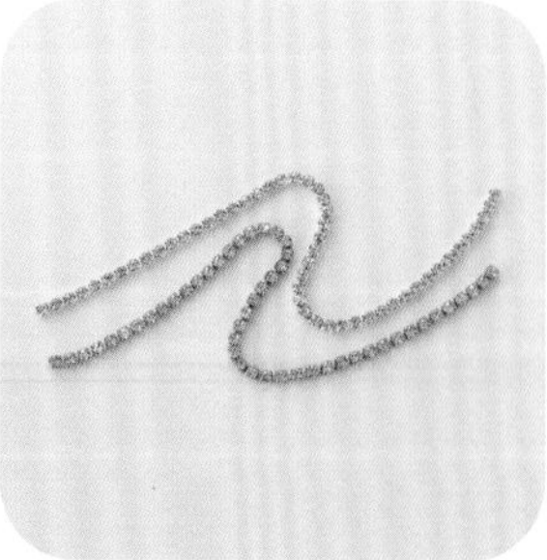

如果希望看起來更搶眼，
就選用底色的相反色

Part.
3

不同主題的
美甲設計

指甲是專屬於自己的小畫布，
可以只用喜愛的東西將它填得滿滿的。
如果將喜歡的主題做成美甲，心情也會自然而然愉悅起來。
請盡情欣賞納入了各式各樣主題的動人美甲♪

植物（花）

不分年齡層廣受歡迎的花朵圖案。從優雅到大眾化，眾多風格都能搭配自如。

La Flore

nail_calme

Nailsalon Bliss

S♡Mint

hiyonail

flicka nail arts

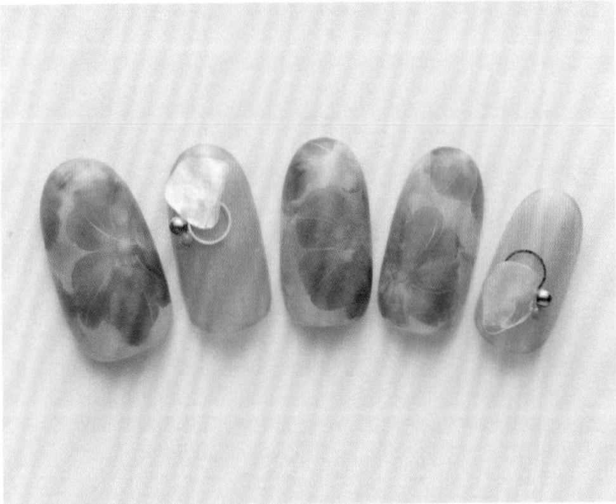

nail Primera

nail jam

hiyonail

coconail's gallery

しろくまnail

flicka nail arts

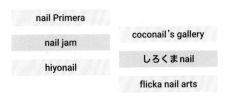

植物（花）

Lupinas

Nailsalon Bliss

La casetta

ATORI NAIL

nailsalon ma-ni

La casetta

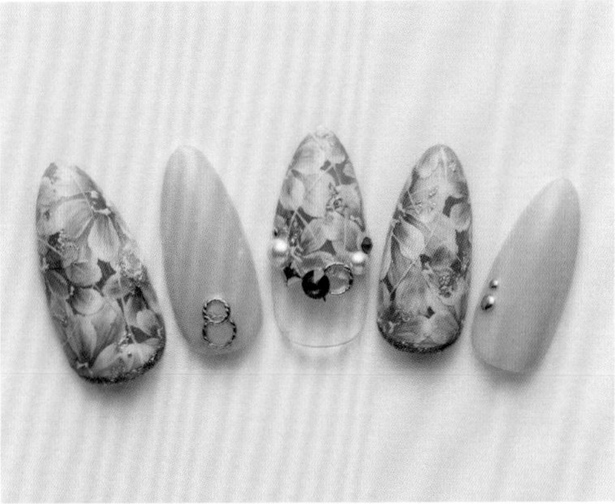

S♡Mint

nail jam

uka

Nailsalon Bliss

Nailsalon Bliss

しろくまnail

植物（花）

nail Primera

Nailsalon Bliss

S♡Mint

atelier+LIM

La casetta

flicka nail arts

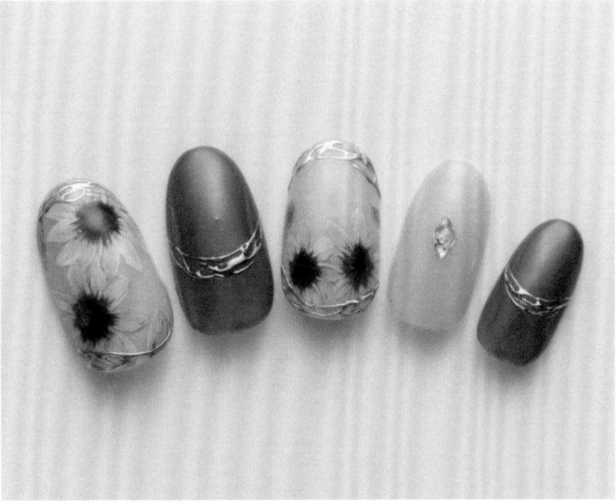

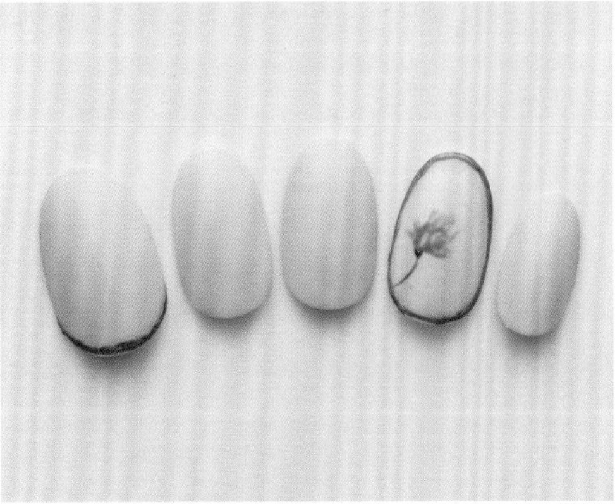

nail Primera

しろくまnail

ATORI NAIL

S♡Mint

S♡Mint

atelier+LIM

Botanical

植物（花）

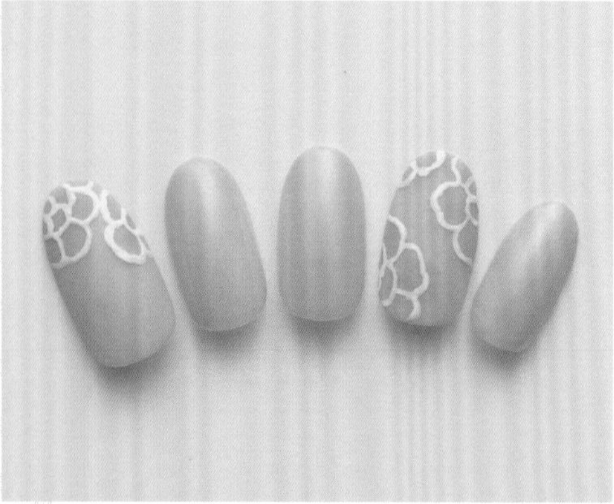

nail Primera

uka

Lupinas

flicka nail arts

S♡Mint

S♡Mint

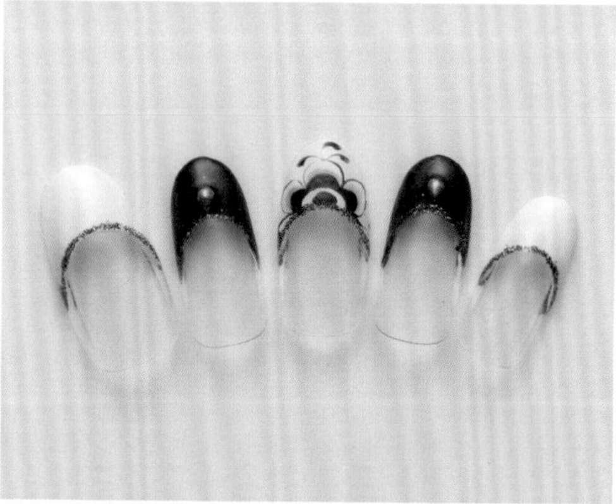

nail Primera

S♡Mint

Portulaca

La casetta

La casetta

atelier+LIM

植物（植物）

植物的葉子或樹木等等，能感受大自然的元素們。
天然的氛圍是其魅力。

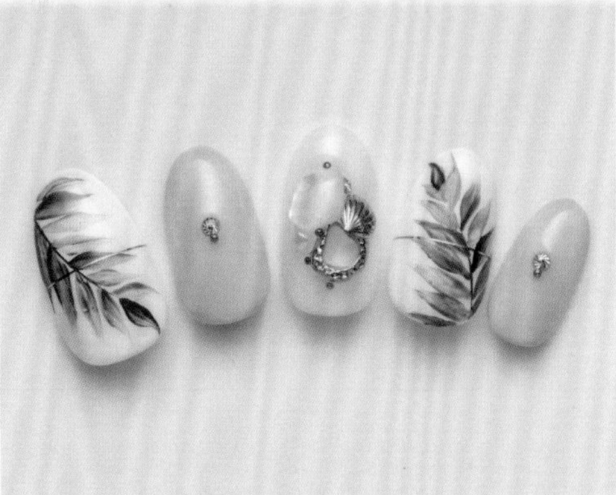

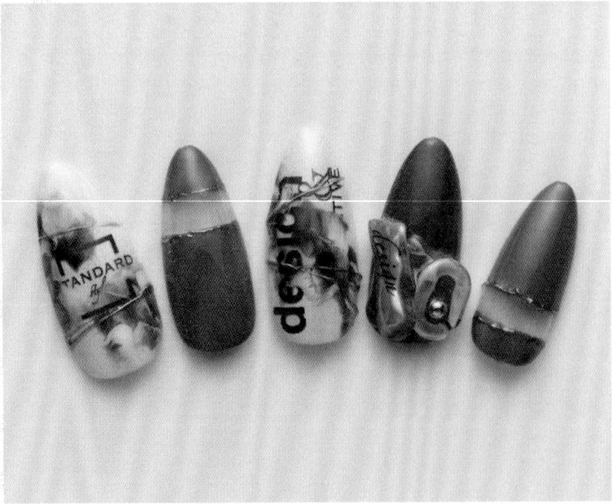

atelier+LIM

S♡Mint

effrontee tokyo / kyoko

hokuri

Portulaca

La casetta

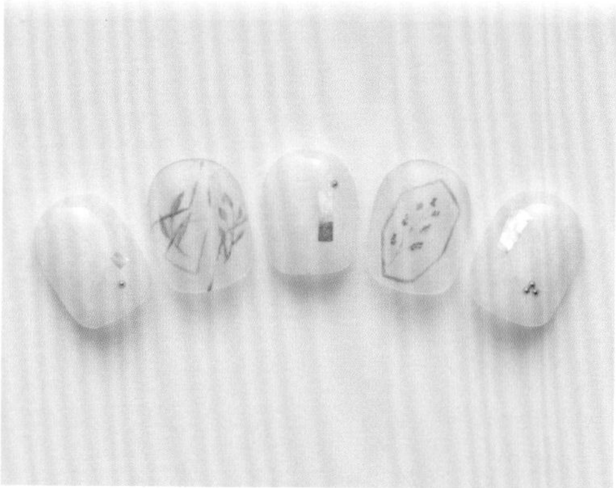

atelier+LIM

La casetta

virth+LIM

S♡Mint

flicka nail arts

puu daikanyama

動物

以動物的圖樣或輪廓作為點綴的設計。
用喜歡的動物來搭配組合也很不錯。

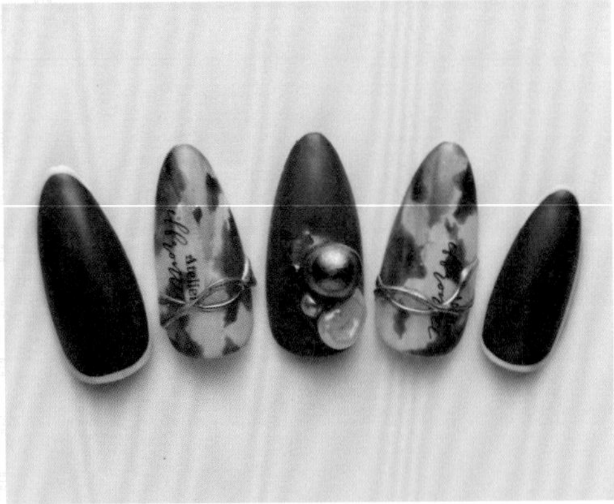

hiyonail

Nailsalon Bliss

effrontee tokyo / kyoko

S♡Mint

Portulaca

puu daikanyama

hiyonail

しろくまnail

しろくまnail

nailsalon ma-ni

nailsalon ma-ni

Portulaca

動物

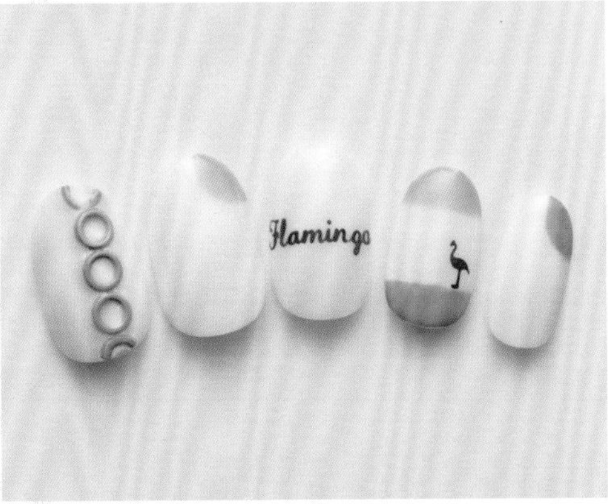

Lupinas

しろくまnail

しろくまnail

atelier+LIM

nailsalon ma-ni

puu daikanyama

puu daikanyama

S♡Mint

effrontee tokyo / kyoko

Lyreivy

hiyonail

Portulaca

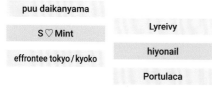

愛心

活用了亮片、鉚釘、鏡面等等各式各樣的彩繪，
充滿玩心的愛心圖樣大集合。

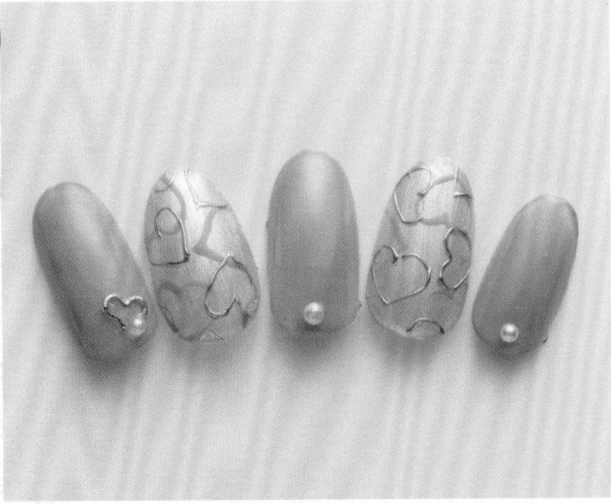

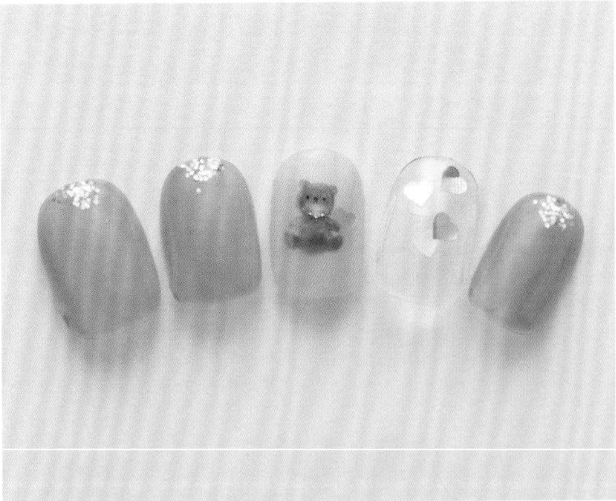

Lupinas

puu daikanyama

Lupinas

ATORI NAIL

nailsalon ma-ni

La casetta

coconail's gallery

Lupinas

Lupinas

atelier+LIM

atelier+LIM

puu daikanyama

星星

從大眾的星星圖案，到聯想到宇宙的設計。
一定能找到中意的風格。

Lyreivy

Portulaca

La casetta

virth+LIM

virth+LIM

ATORI NAIL

ATORI NAIL

ATORI NAIL

Lupinas

nail Primera

Portulaca

Portulaca

圖形

交織著圓圈或三角等圖形的彩繪，
表現得恰到好處，令人賞心悅目。

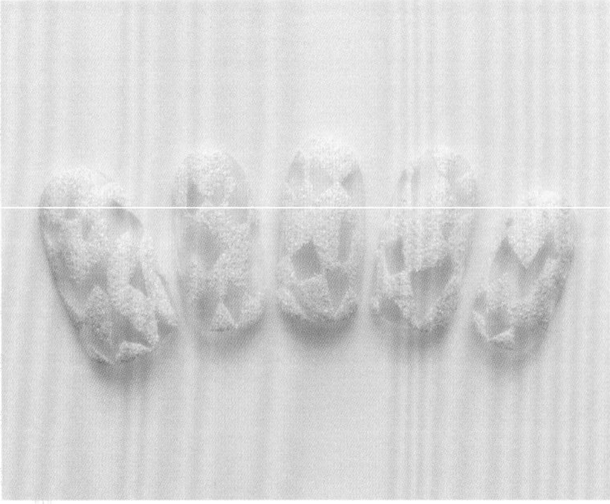

しろくまnail

hokuri

hiyonail

hokuri

puu daikanyama

puu daikanyama

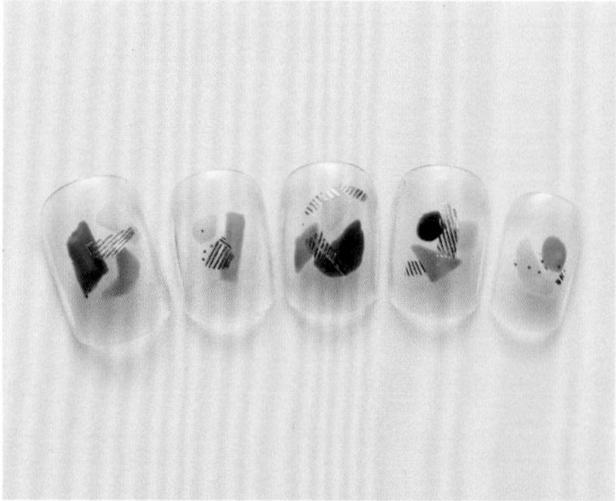

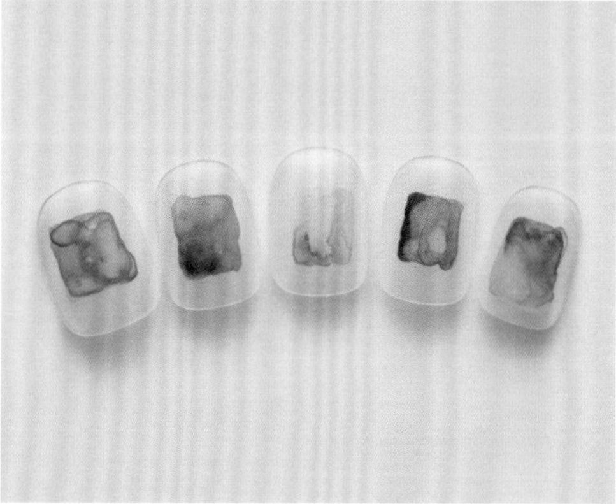

しろくまnail

hiyonail

hokuri

hokuri

La casetta

niiina

水滴

集結了水滴的圖案，
以及具有水潤光澤感的設計。

La casetta

nail jam

effrontee tokyo / kyoko

hiyonail

Portulaca

Portulaca

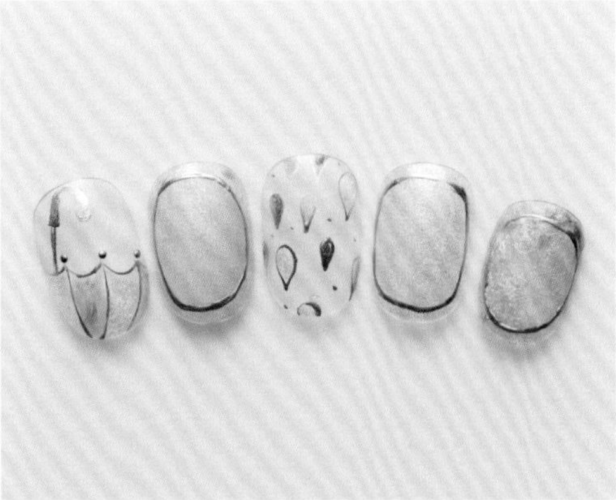

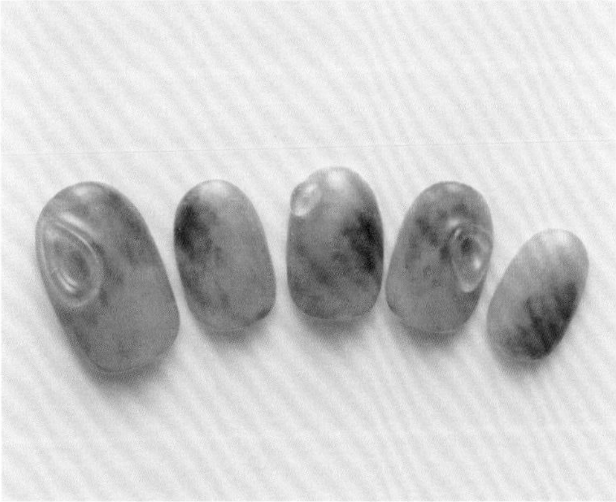

しろくまnail

hokuri

nail_calme

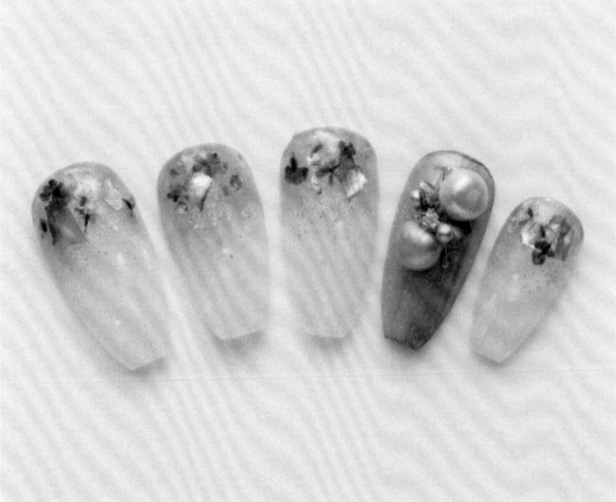

hiyonail

Lyreivy

Portulaca

Food & Drink

食物&飲料

不論是使用了插圖的普普風設計，
還是融入了質感、自然不造作的設計，都很迷人。

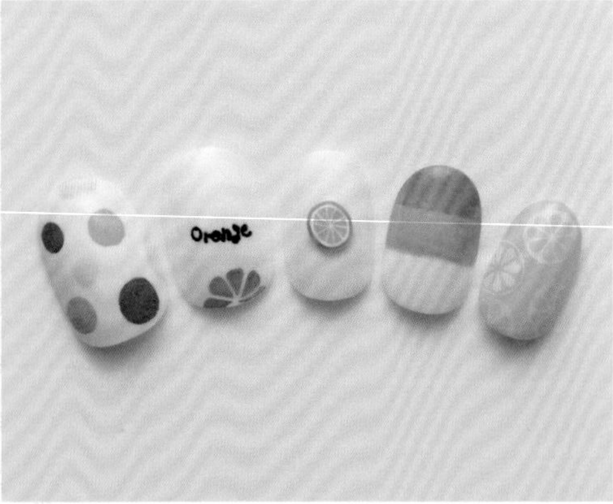

La casetta

しろくまnail

しろくまnail

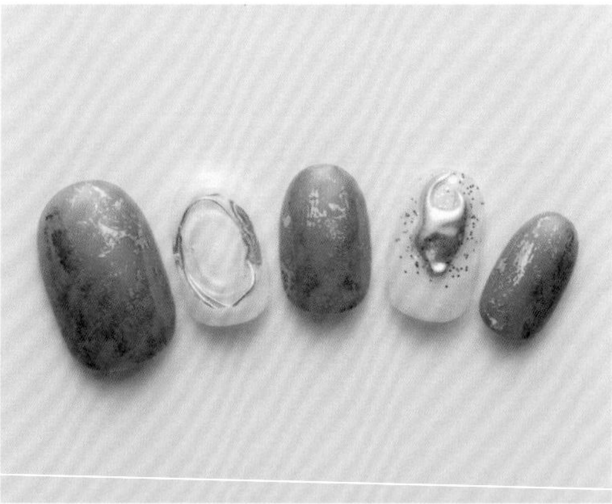

La casetta

nail_calme

しろくまnail

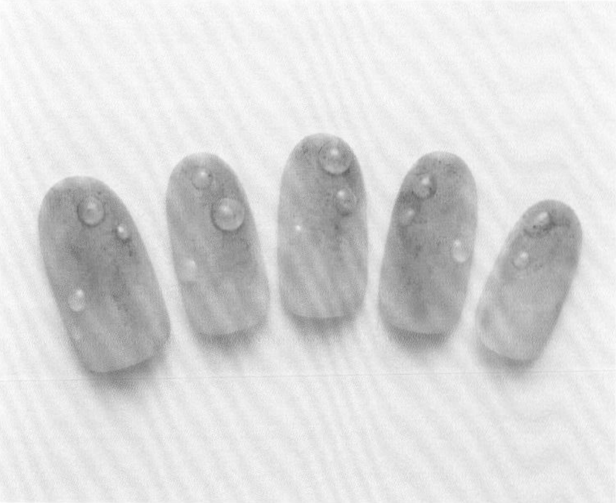

DLAW TOKYO

しろくまnail

Portulaca

しろくまnail

hiyonail

effrontee tokyo / kyoko

Food & Drink

食物&飲料

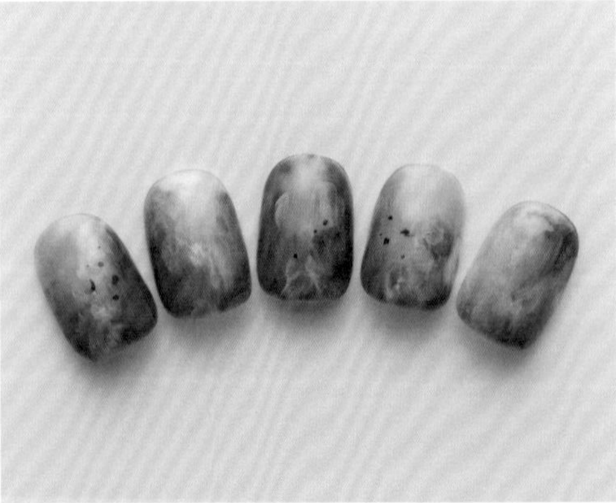

しろくまnail

しろくまnail

しろくまnail

nailsalon ma-ni

La casetta

virth+LIM

しろくまnail

しろくまnail

La casetta

しろくまnail

DLAW TOKYO

nail Primera

飾品

使用了大量的配件和亮片、亮粉，
如同飾品般的華麗美甲。

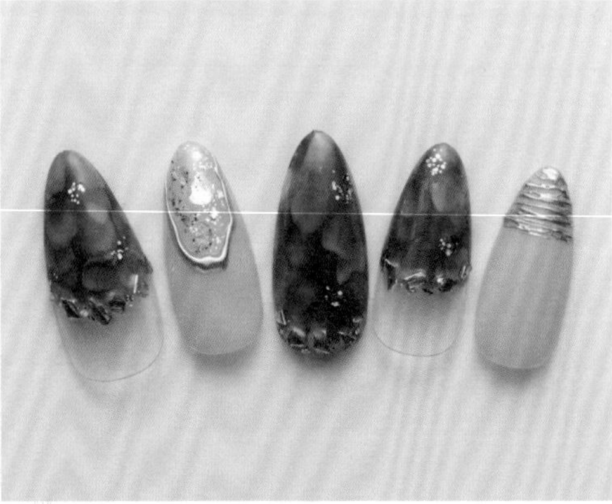

S♡Mint

ATORI NAIL

Nailsalon Bliss

hiyonail

DLAW TOKYO

Nailsalon Bliss

nail jam

Nailsalon Bliss

nail Primera

Nailsalon Bliss

Lyreivy

ATORI NAIL

Accessory

飾品

flicka nail arts

Portulaca

ATORI NAIL

effrontee tokyo / kyoko

Nailsalon Bliss

Lyreivy

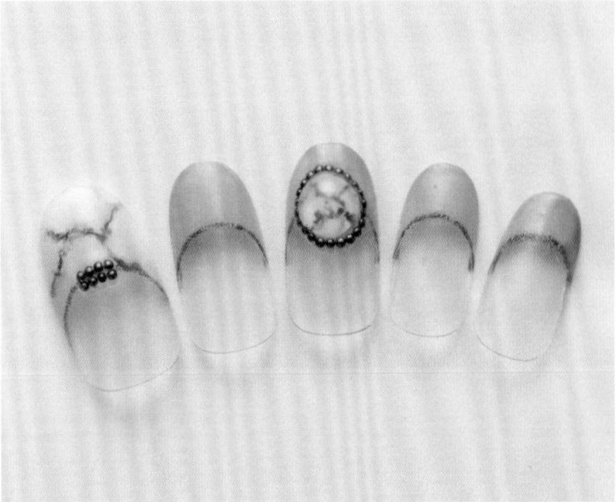

hiyonail

Nailsalon Bliss

nail salon an cherir

Nailsalon Bliss

Portulaca

uka

時尚

希望享受結合時尚的樂趣，
個性十足又時髦的美甲設計大集合。

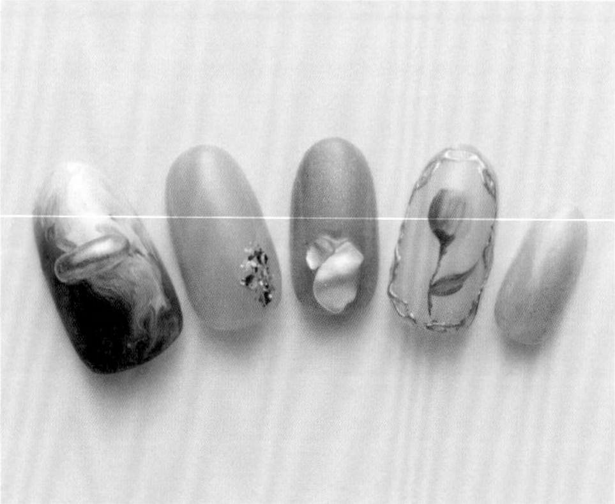

flicka nail arts

nail_calme

nail jam

atelier+LIM

La casetta

Lupinas

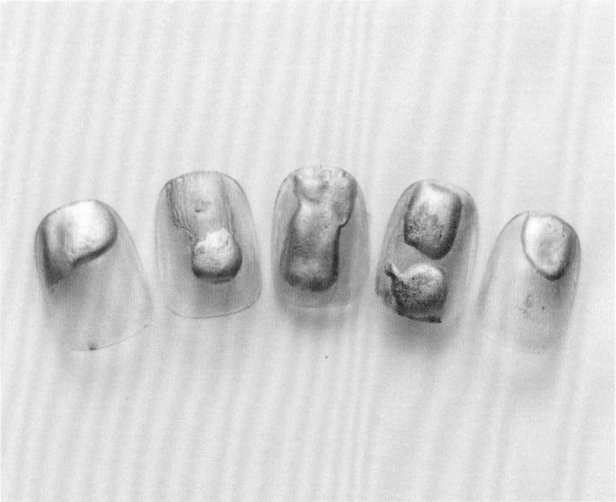

nail jam

virth+LIM

flicka nail arts

DLAW TOKYO

uka

hiyonail

Fashion

Part.3 不同主題的美甲設計

時尚

effrontee tokyo / kyoko

coconail's gallery

nail jam

DLAW TOKYO

virth+LIM

La Flore

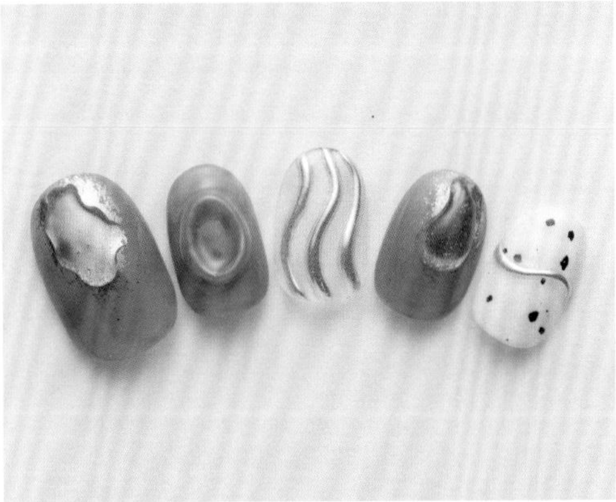

nail jam

coconail's gallery

nail_calme

atelier+LIM

uka

hiyonail

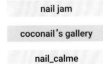

時尚

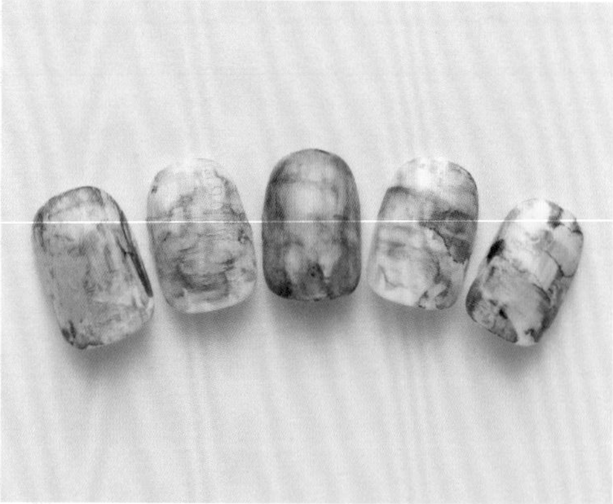

coconail's gallery

nail jam

DLAW TOKYO

virth+LIM

flicka nail arts

Portulaca

nail_calme

coconail's gallery

Nailsalon Bliss

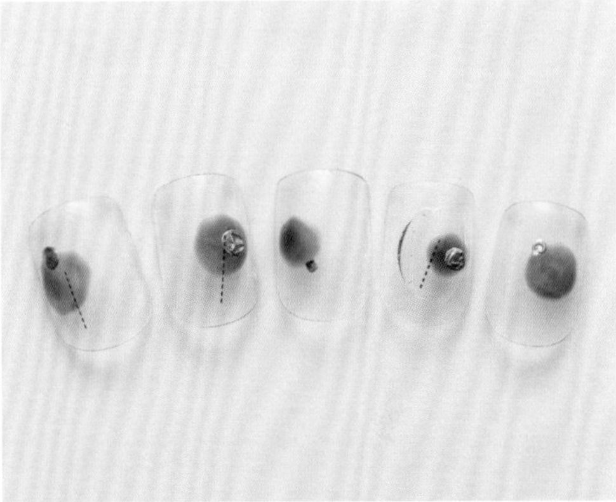

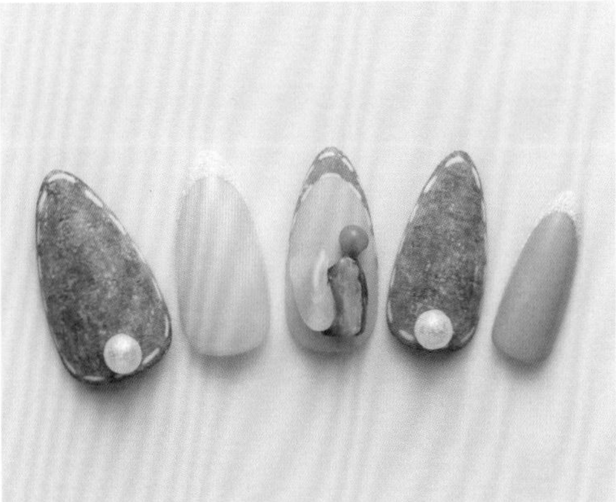

hokuri

Lyreivy

hiyonail

時尚

effrontee tokyo / kyoko

uka

coconail's gallery

nail jam

S♡Mint

Nailsalon Bliss

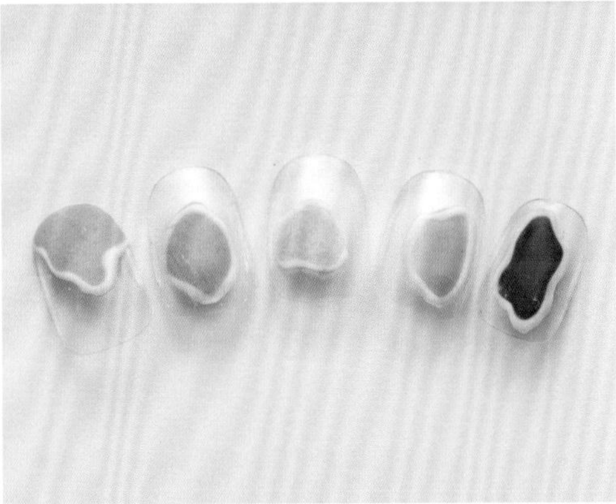

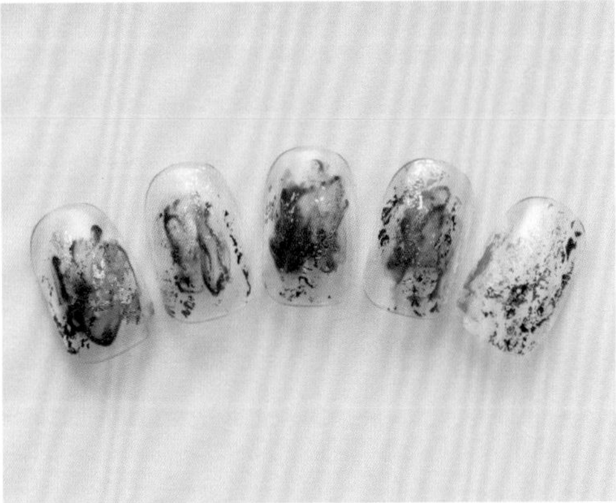

hiyonail

DLAW TOKYO

virth+LIM

atelier+LIM

flicka nail arts

Lyreivy

戶外

鮮明的顏色或能讓人感受到自然的元素，
很適合戶外的場景。

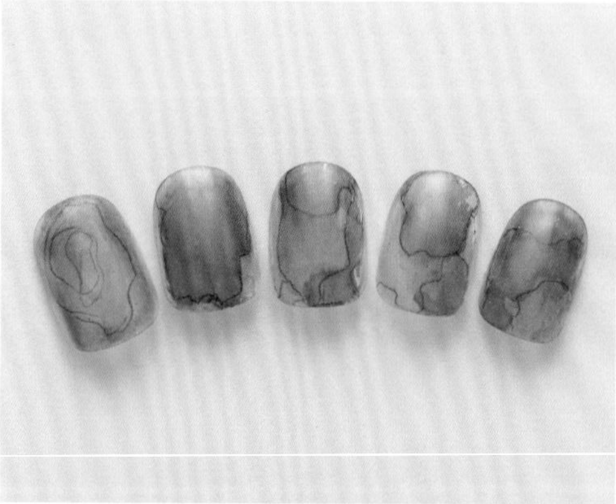

flicka nail arts

hiyonail

DLAW TOKYO

La casetta

DLAW TOKYO

S♡Mint

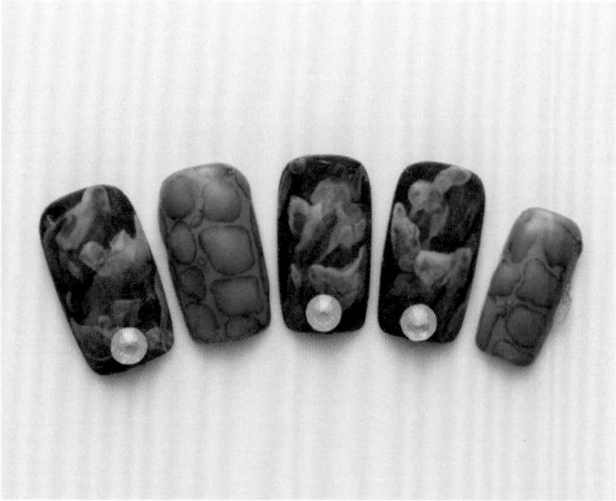

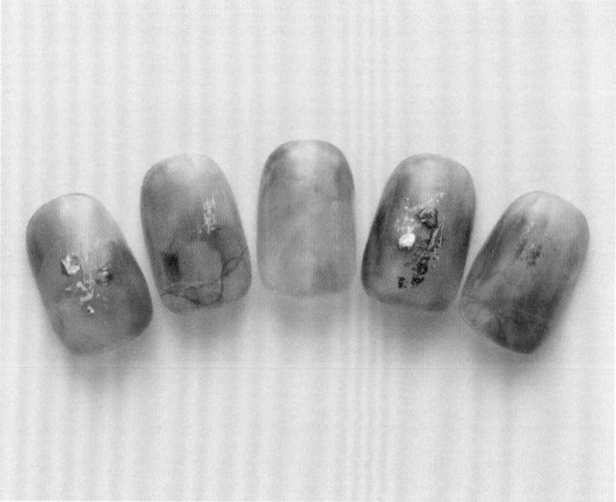

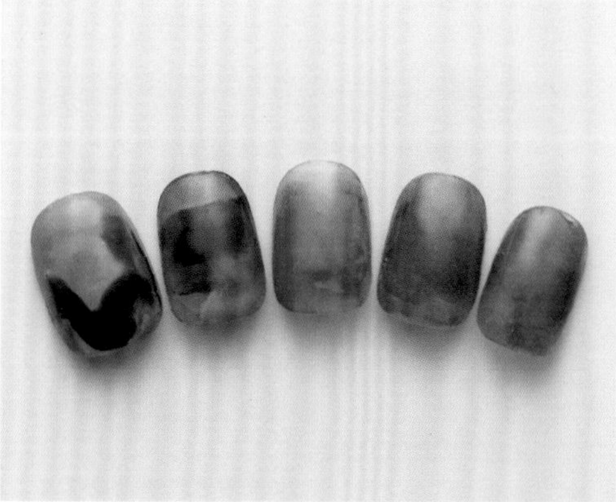

Lyreivy

flicka nail arts

しろくまnail

hokuri

virth+LIM

DLAW TOKYO

海洋

著重於水面或貝殼、條紋這類可感受海洋氣息，
有力而清爽的設計。

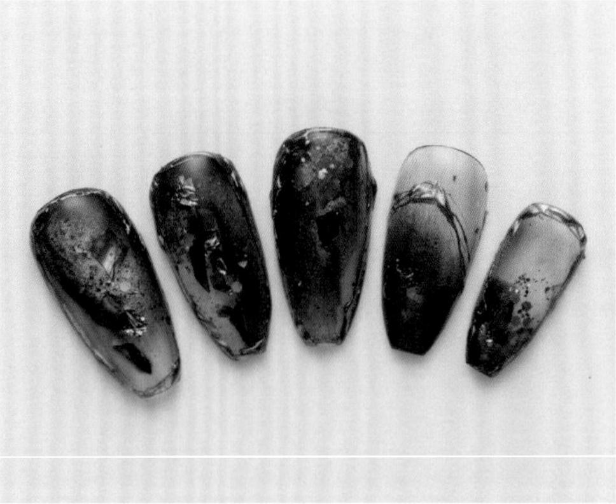

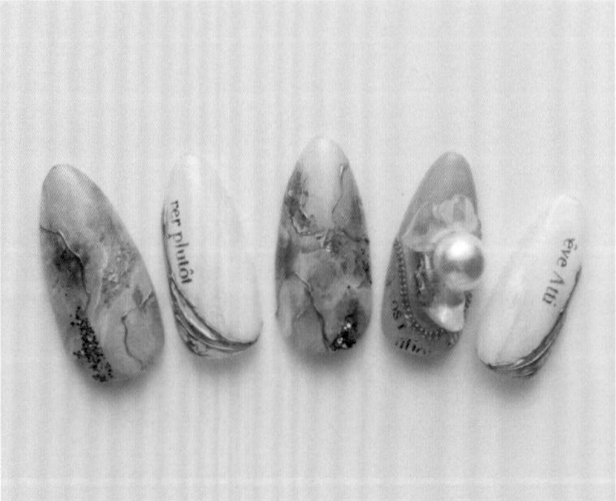

La casetta

S♡Mint

Portulaca

Nailsalon Bliss

Lyreivy

effrontee tokyo / kyoko

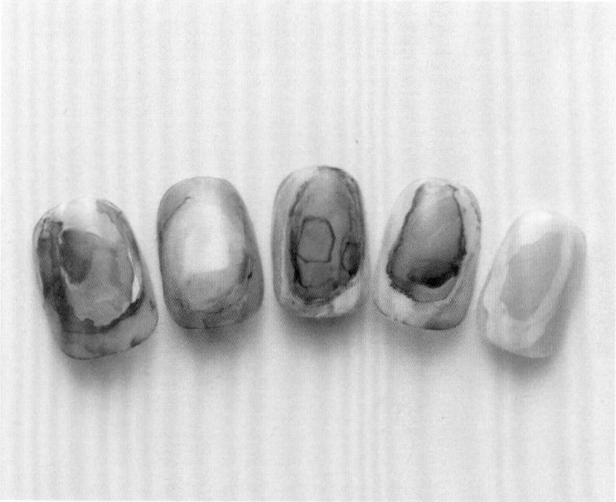

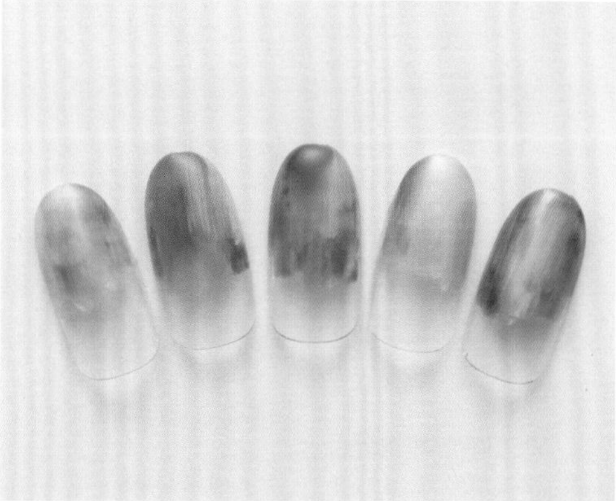

hokuri

ATORI NAIL

S♡Mint

DLAW TOKYO

La casetta

puu daikanyama

Typography

文字

以文字妝點的美甲設計。
搭配喜愛的詞彙或自己的名字縮寫也很不錯。

La Flore

Lyreivy

effrontee tokyo / kyoko

effrontee tokyo / kyoko

effrontee tokyo / kyoko

ATORI NAIL

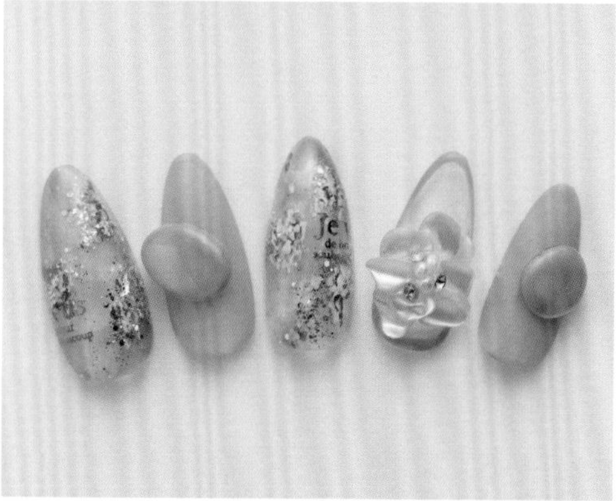

effrontee tokyo / kyoko

effrontee tokyo / kyoko

S♡Mint

ATORI NAIL

しろくまnail

しろくまnail

Japanese pattern

和風

除了能搭配和服或浴衣，
色調沉穩的設計與前衛的時尚風格也很相襯。

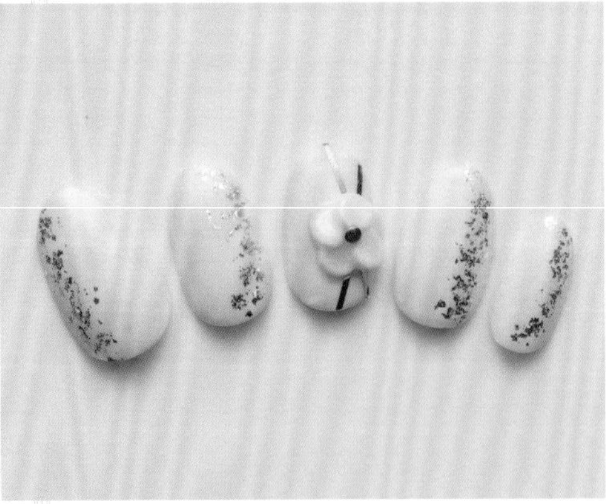

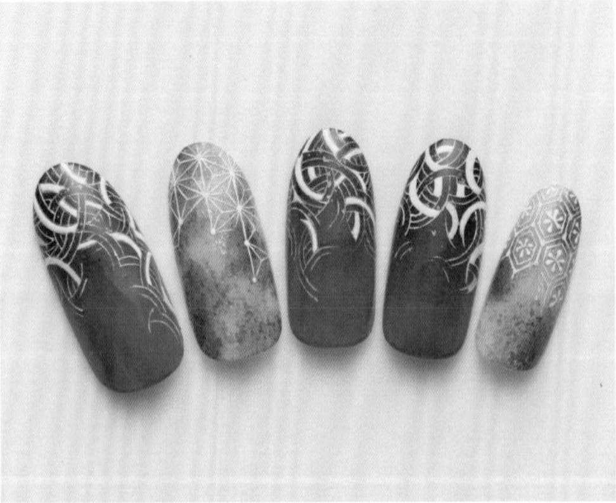

Portulaca

ATORI NAIL

ATORI NAIL

しろくまnail

Portulaca

hiyonail

Lyreivy

hiyonail

しろくまnail

La casetta

La casetta

Portulaca

復古

鮮豔的普普圖樣，與別緻的古董圖樣，
兩者都具有復古的魅力。

しろくまnail

hiyonail

La casetta

しろくまnail

ATORI NAIL

ATORI NAIL

しろくまnail

hiyonail

La casetta

atelier+LIM

ATORI NAIL

ATORI NAIL

Others

其 他

以下介紹的是無法一一分門別類、
個性十足的美甲作品們。

puu daikanyama

しろくまnail

La casetta

しろくまnail

hokuri

puu daikanyama

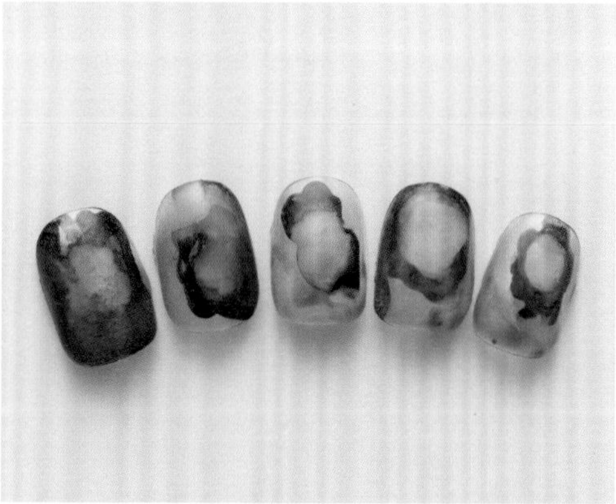

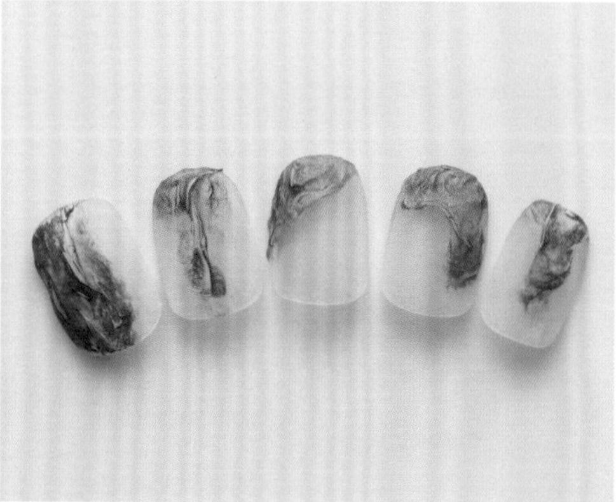

しろくまnail

flicka nail arts

DLAW TOKYO

niiina

puu daikanyama

atelier+LIM

其他

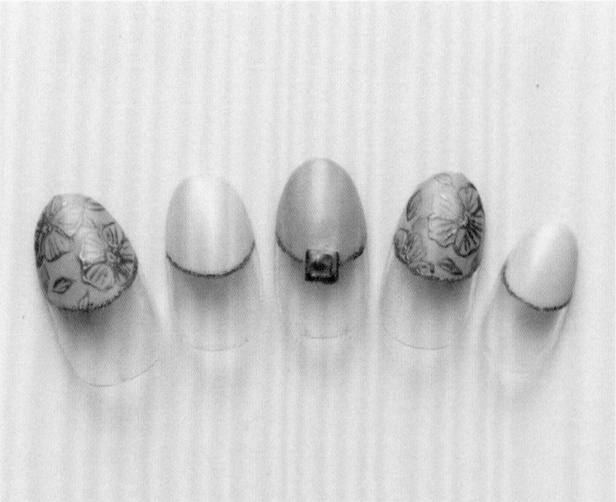

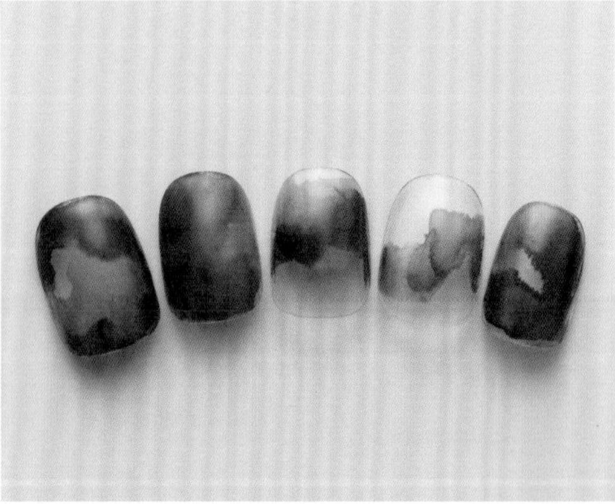

Lyreivy

flicka nail arts

hokuri

Portulaca

puu daikanyama

DLAW TOKYO

La casetta

flicka nail arts

puu daikanyama

puu daikanyama

virth+LIM

しろくまnail

Column

3

你知道男士美甲嗎？

隨著男性對美的注重，「男士美甲」的需求逐年增加。
現在甚至各地都有專門店，受歡迎程度可見一斑！
來看看這些男士美甲的一部分吧。

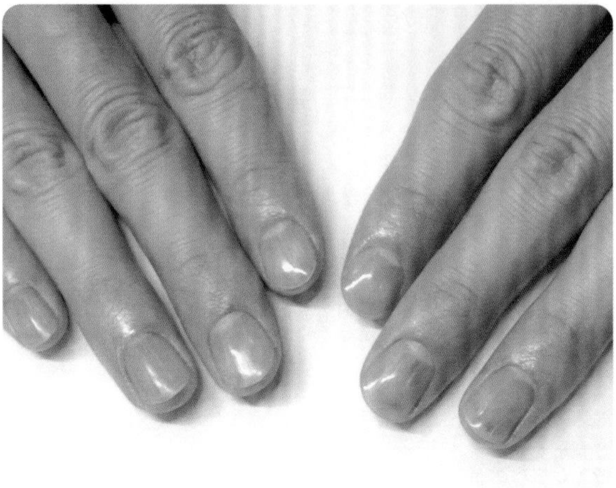

雖然也有些具時尚敏感度的人，喜歡享受富有設計感的美甲這樣的例子。但成熟大人的男士美甲主流，是進行指甲保養、完成以後是透明的。大部分人將美甲視為儀容的一環。

若因為工作關係而無法塗上顏色或彩繪時，也有在休長假時加入一點「玩心」這樣的享受方式。有些美甲沙龍還有手部經絡指壓或足部經絡指壓這類的套裝服務，紓壓效果十足！

Memo

假日與伴侶一起進行保養美甲也很不錯♡

如果有機會，不妨和伴侶一起享受美甲約會之樂。男士美甲的服務因美甲沙龍而異，建議預約時先確認。

男士美甲範例

只在拇指彩繪上嗜好的麻將牌！

有趣的彩繪肯定會讓聊天更熱絡♪

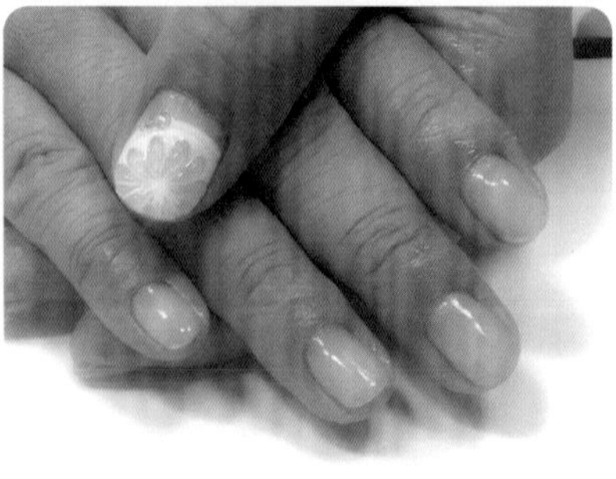

Part.
4

不同場合的
美甲設計

正因為美甲能享受豐富多樣的設計之樂，
在正式場合等情境，考量TPO也很重要。
相反的，在享受季節或活動的場合，
就不妨盡情去享受♪
以下介紹各種場合推薦的美甲設計。

新娘

從華麗的風格到簡約的風格……
白色或裸膚色和禮服也很相襯。

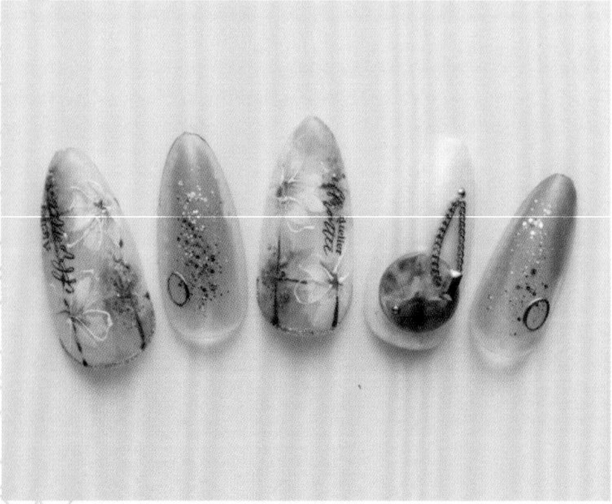

Lupinas

nail_calme

effrontee tokyo / kyoko

uka

S♡Mint

hiyonail

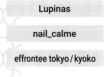

atelier+LIM

coconail's gallery

nail Primera

S♡Mint

Lupinas

hiyonail

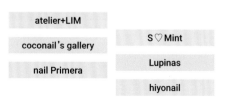

新娘

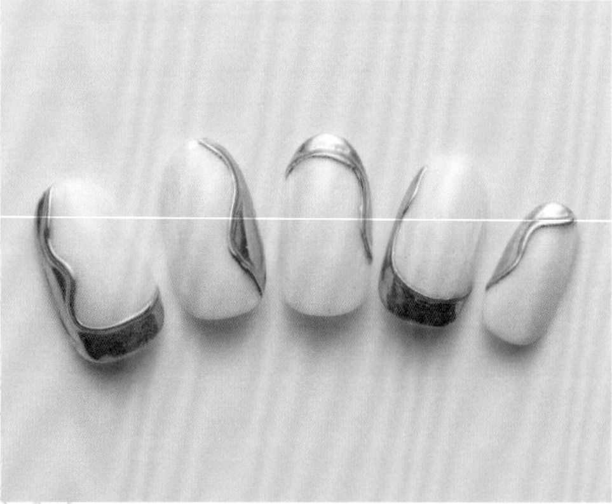

La casetta

atelier+LIM

nail_calme

hokuri

niiina

nailsalon ma-ni

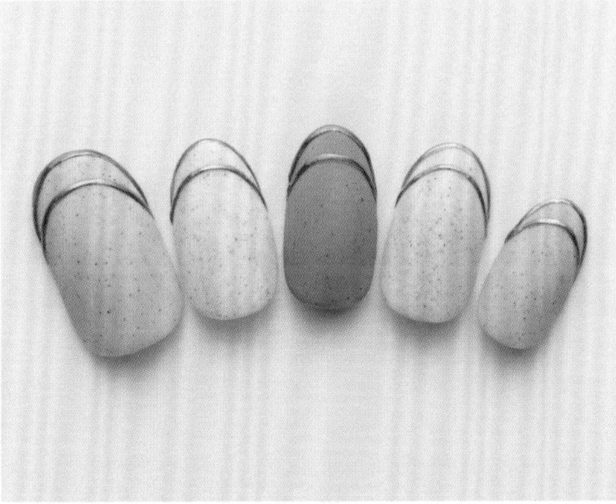

nail Primera

flicka nail arts

La casetta

atelier+LIM

uka

coconail's gallery

Bridal

新娘

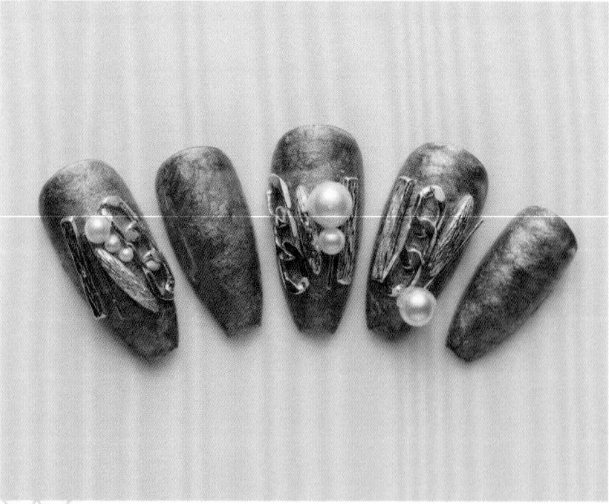

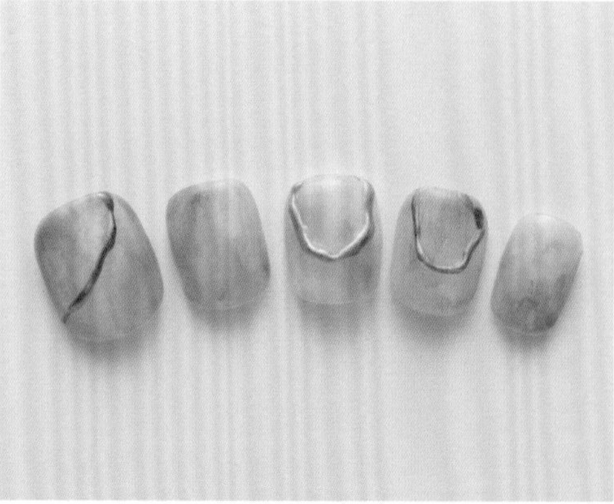

uka

nail jam

Lyreivy

atelier+LIM

effrontee tokyo / kyoko

coconail's gallery

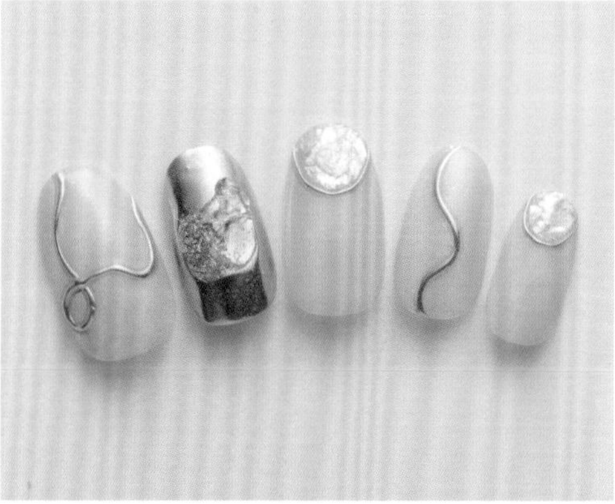

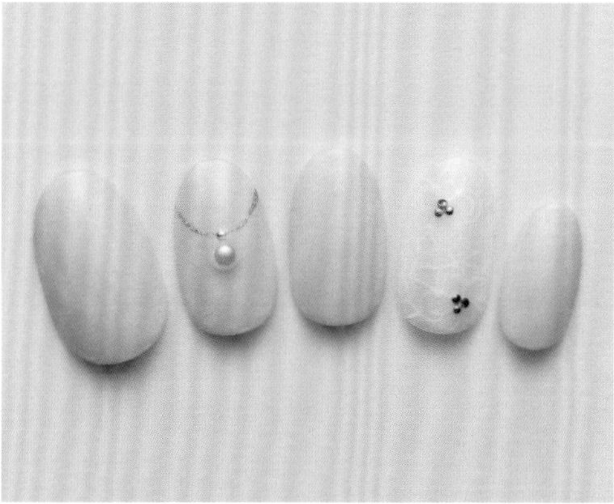

Lupinas

uka

virth+LIM

nail salon an cherir

nail_calme

ATORI NAIL

Office

辦 公 室

沉穩的顏色和文書工作也很搭調。
忙碌時刻還能從手邊開始振奮心情！

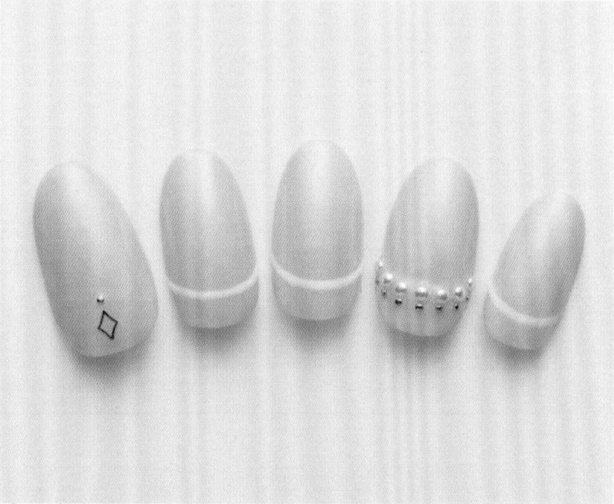

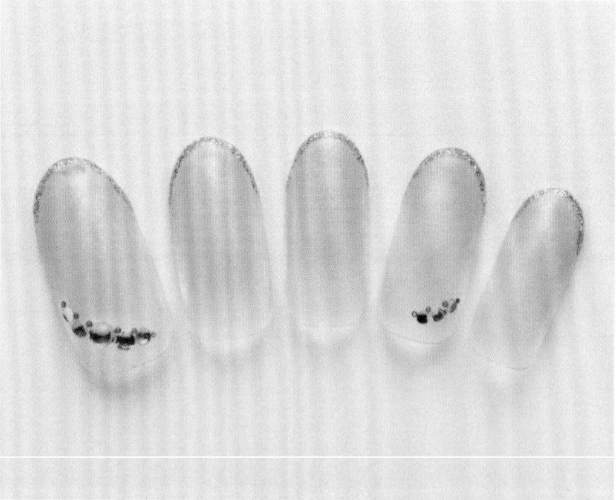

S♡Mint

uka

virth+LIM

Lupinas

Portulaca

ATORI NAIL

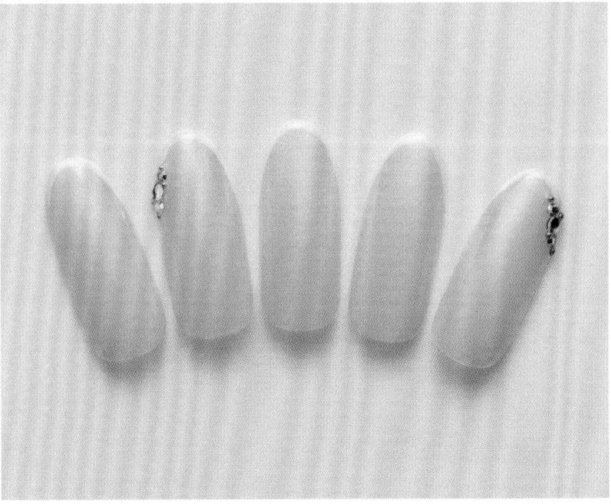

uka

nail Primera

La casetta

Lupinas

しろくまnail

puu daikanyama

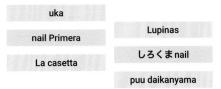

辦公室

Lupinas

しろくまnail

nail Primera

Portulaca

uka

puu daikanyama

Lupinas

nail Primera

La casetta

ATORI NAIL

S♡Mint

nail salon an cherir

辦公室

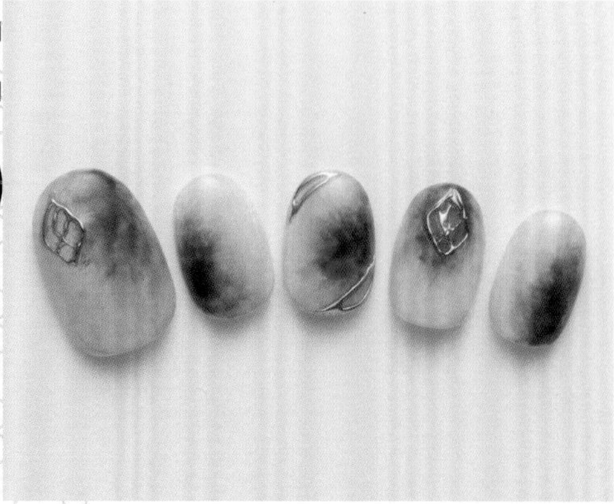

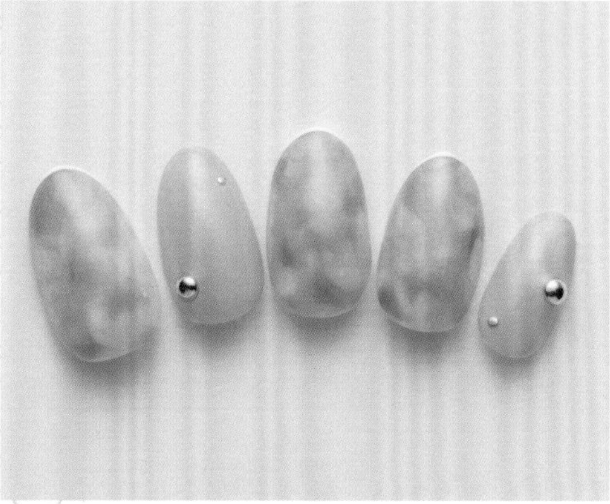

nail_calme

S♡Mint

flicka nail arts

La casetta

しろくまnail

niiina

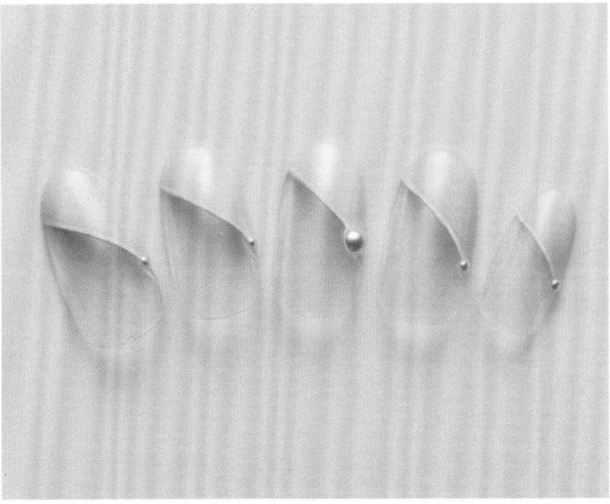

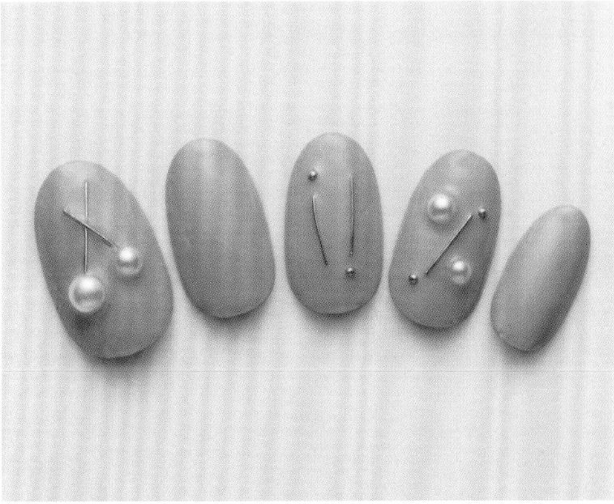

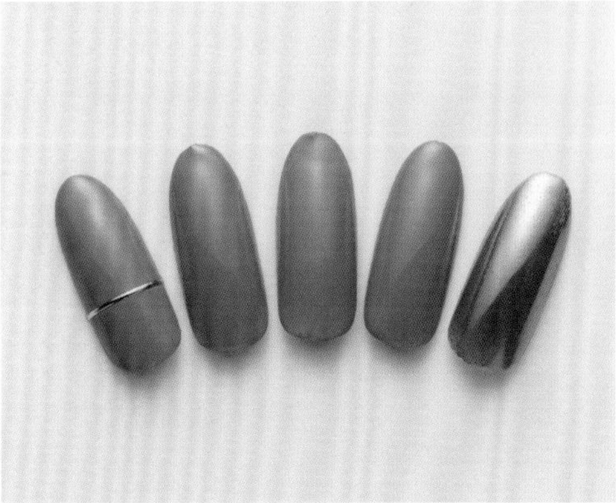

La Flore

uka

Lyreivy

しろくまnail

ATORI NAIL

puu daikanyama

Formal

正式

開學典禮或畢業典禮這類嚴肅的場合，
以蕾絲圖樣或珍珠低調點綴。

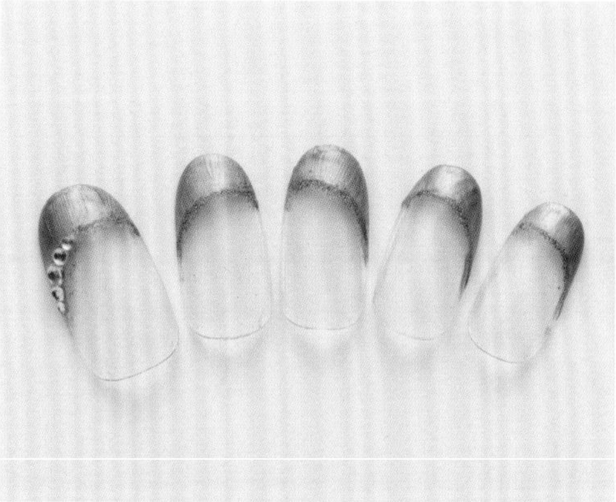

ATORI NAIL

nail salon an cherir

uka

Lyreivy

Portulaca

S♡Mint

flicka nail arts

Lupinas

La casetta

Portulaca

flicka nail arts

ATORI NAIL

正式

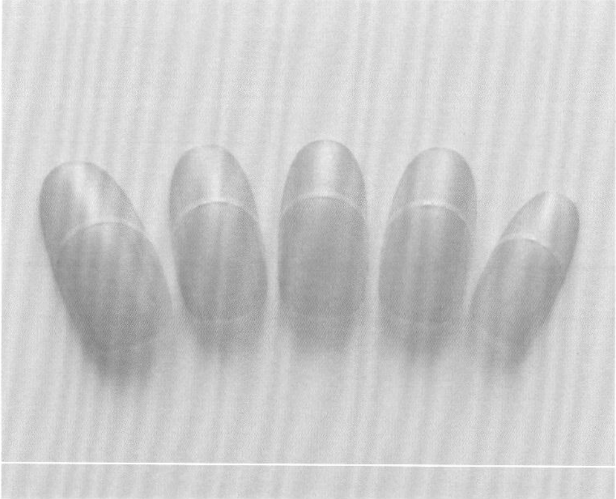

puu daikanyama

Lupinas

Nailsalon Bliss

La casetta

uka

nail_calme

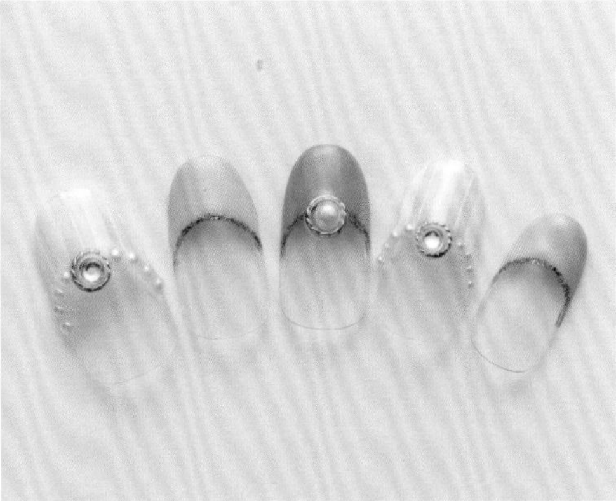

Portulaca

ATORI NAIL

nail salon an cherir

Lupinas

effrontee tokyo / kyoko

S♡Mint

Kimono/Yukata

和服・浴衣

介紹從和風到現代、各式各樣風情，
與和服、浴衣都適合搭配的美甲。

nail_calme

Portulaca

nail Primera

ATORI NAIL

nail salon an cherir

puu daikanyama

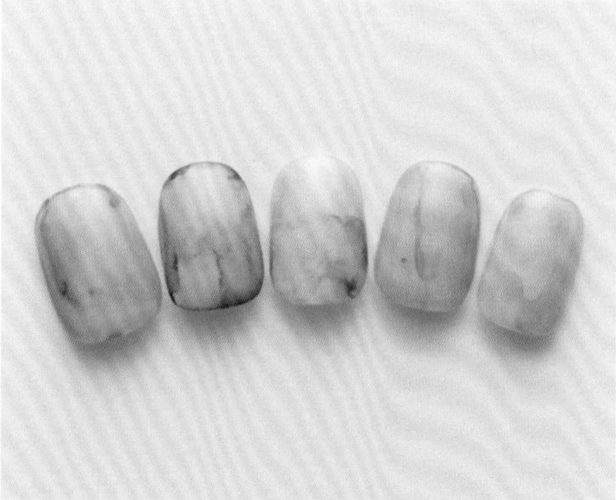

hiyonail

Portulaca

atelier+LIM

DLAW TOKYO

hokuri

La casetta

和服・浴衣

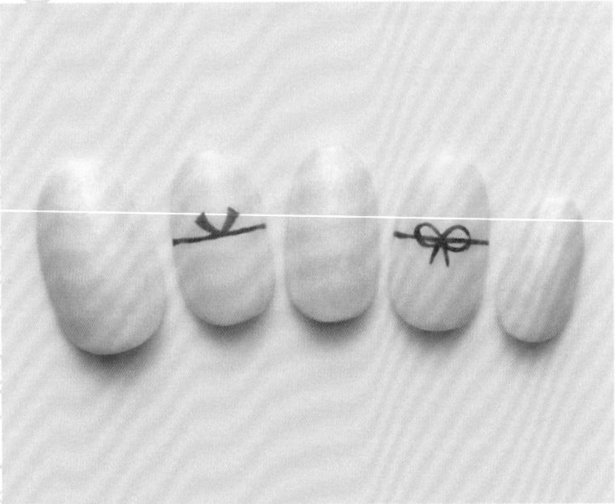

hiyonail

Portulaca

ATORI NAIL

nailsalon ma-ni

niiina

Lyreivy

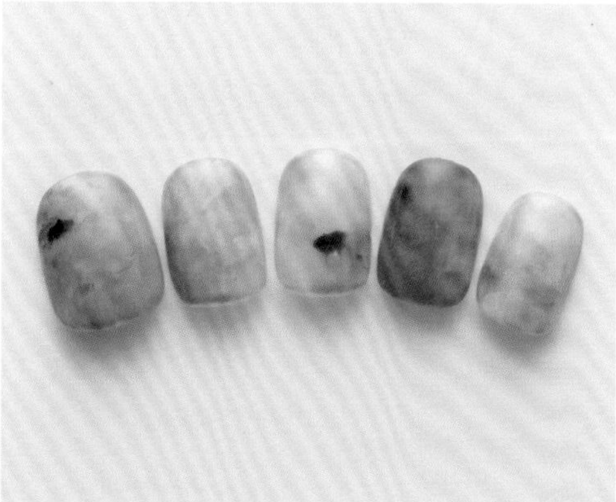

Portulaca

ATORI NAIL

hiyonail

Lyreivy

DLAW TOKYO

niiina

Halloween

萬聖節

集結了增添萬聖節的興奮期待感，
充滿節慶氣氛的設計！

しろくまnail

Portulaca

effrontee tokyo / kyoko

virth+LIM

hiyonail

puu daikanyama

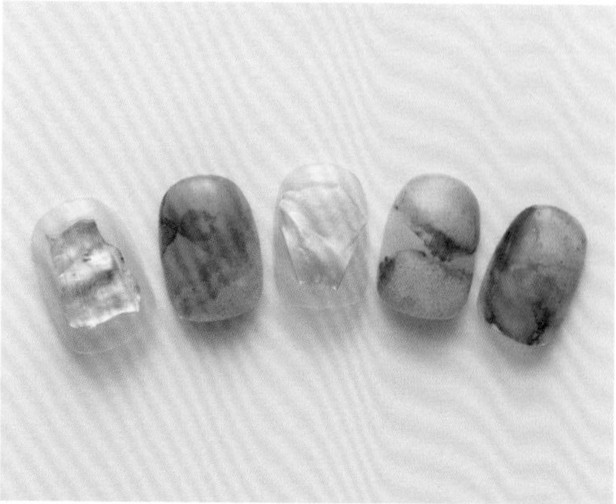

coconail's gallery

La casetta

Portulaca

DLAW TOKYO

effrontee tokyo / kyoko

Lyreivy

Christmas

耶誕節

簡直就像耶誕禮物！
寶物般的美甲，令人引頸盼望派對的到來。

La casetta

hiyonail

しろくまnail

Lyreivy

nailsalon ma-ni

puu daikanyama

S ♡ Mint

nail Primera

DLAW TOKYO

Nailsalon Bliss

virth+LIM

puu daikanyama

Christmas

耶誕節

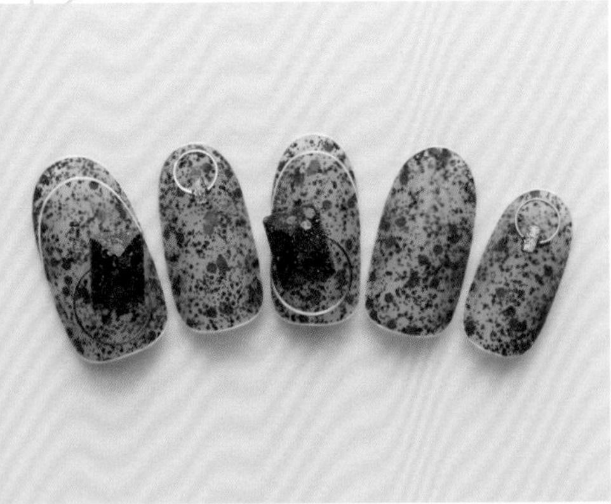

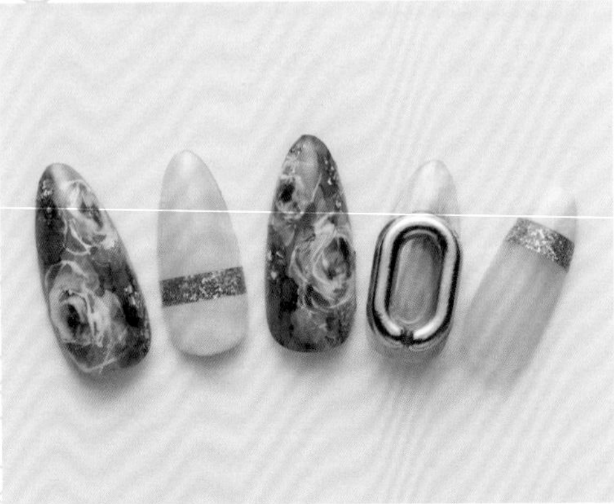

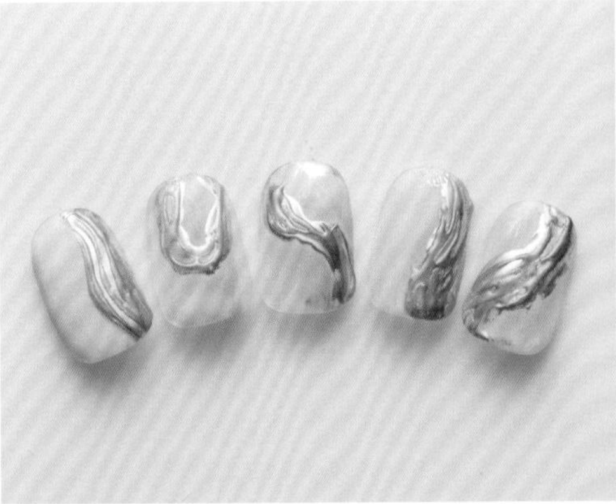

hiyonail

coconail's gallery

effrontee tokyo / kyoko

puu daikanyama

nail Primera

Lupinas

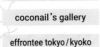

puu daikanyama

Lyreivy

S♡Mint

uka

virth+LIM

puu daikanyama

新年

一年的開始就用特別的美甲裝飾玉手。
美甲能讓心情煥然一新。

Portulaca

La casetta

La casetta

S♡Mint

puu daikanyama

virth+LIM

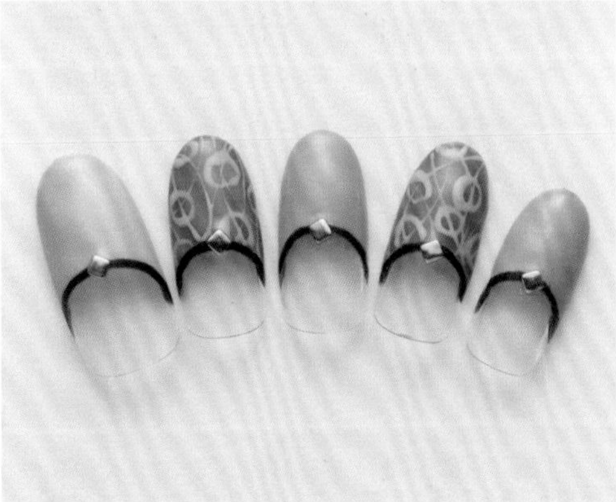

DLAW TOKYO

La casetta

Portulaca

しろくまnail

puu daikanyama

Lyreivy

Valentine's day

情人節

巧克力或禮品包裝、愛心等等，
是情人節絕對會推薦的設計。

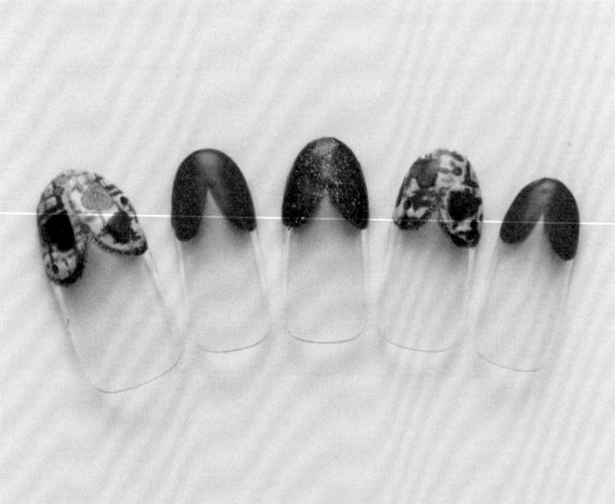

Portulaca

La casetta

Portulaca

S♡Mint

nail salon an cherir

Lupinas

coconail's gallery

Lyreivy

La casetta

effrontee tokyo / kyoko

coconail's gallery

nail salon an cherir

Valentine's day

情人節

hiyonail

DLAW TOKYO

nailsalon ma-ni

nail_calme

virth+LIM

Lupinas

派對

有別於日常的華麗場合，
美甲也要讓指尖璀璨奪目。

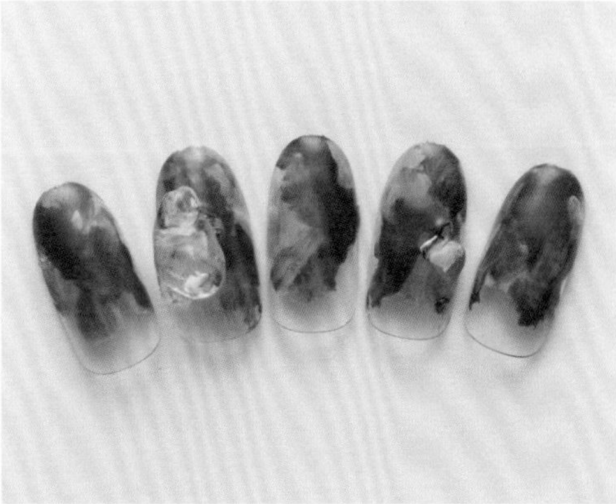

nailsalon ma-ni

coconail's gallery

ATORI NAIL

しろくまnail

S♡Mint

puu daikanyama

派對

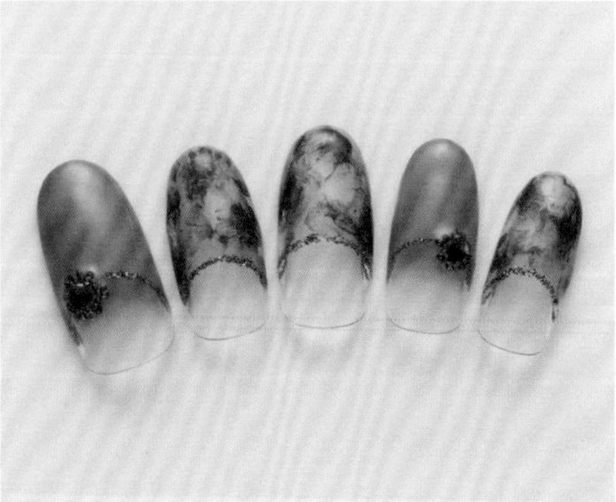

しろくまnail

nail_calme

hiyonail

coconail's gallery

S♡Mint

Portulaca

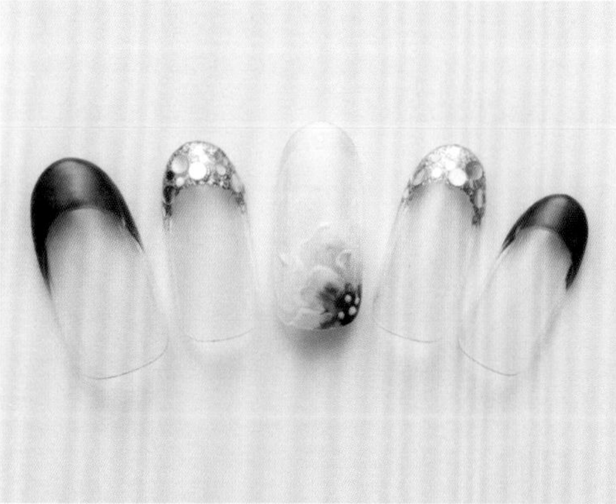

S♡Mint

ATORI NAIL

Portulaca

hiyonail

DLAW TOKYO

puu daikanyama

Party

派對

ATORI NAIL

coconail's gallery

La casetta

S♡Mint

uka

Lyreivy

Portulaca

Nailsalon Bliss

puu daikanyama

effrontee tokyo / kyoko

uka

DLAW TOKYO

Spring

春

櫻花或鬱金香等等，最適合花朵盛開的季節！
不妨從指尖感受春天的到來。

La casetta

ATORI NAIL

nail jam

nail salon an cherir

Portulaca

Nailsalon Bliss

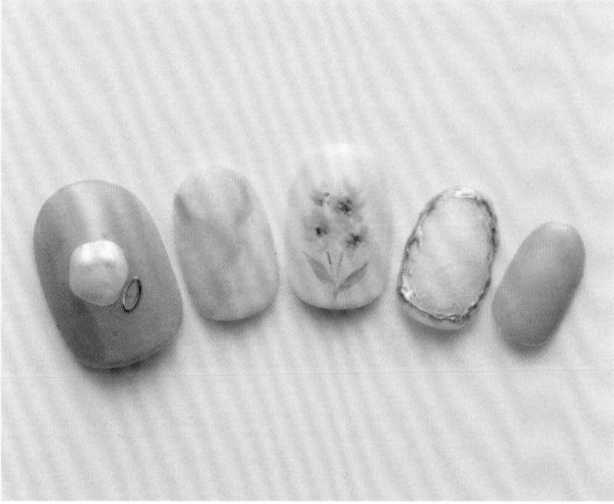

atelier+LIM

Lyreivy

nail Primera

nail salon an cherir

nail jam

hiyonail

Spring

春

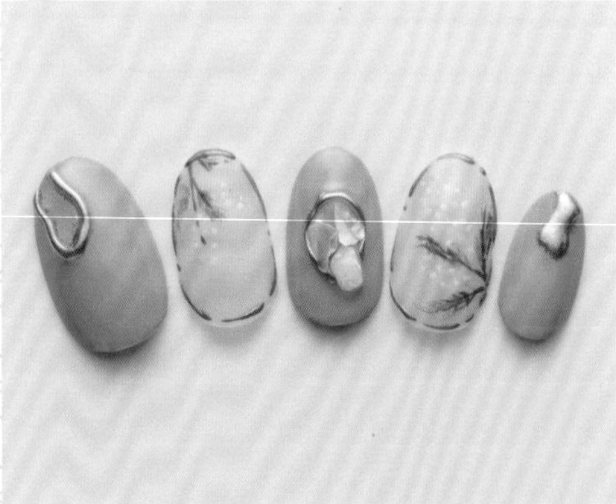

Lupinas

nail Primera

ATORI NAIL

La casetta

flicka nail arts

uka

nail jam

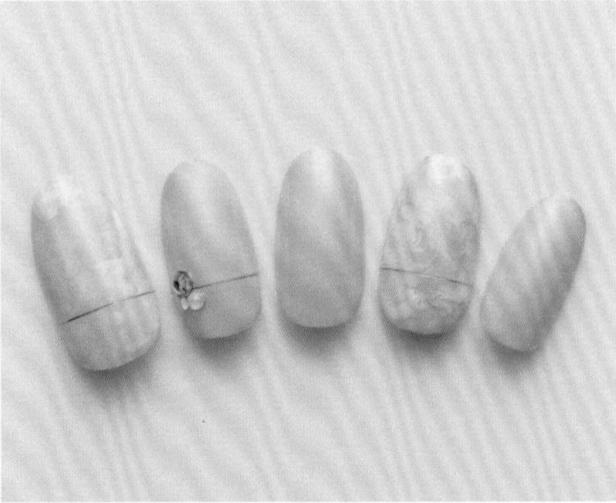

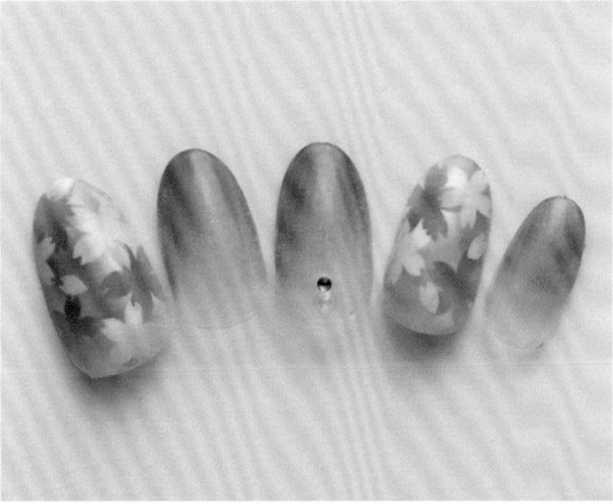

ATORI NAIL

uka

nail jam

flicka nail arts

Lupinas

atelier+LIM

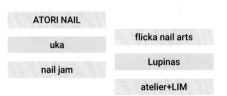

Summer

夏

從具有沁涼感，到能感受到太陽、精神百倍的設計。
充滿夏天氛圍的美甲。

ATORI NAIL

nail_calme

puu daikanyama

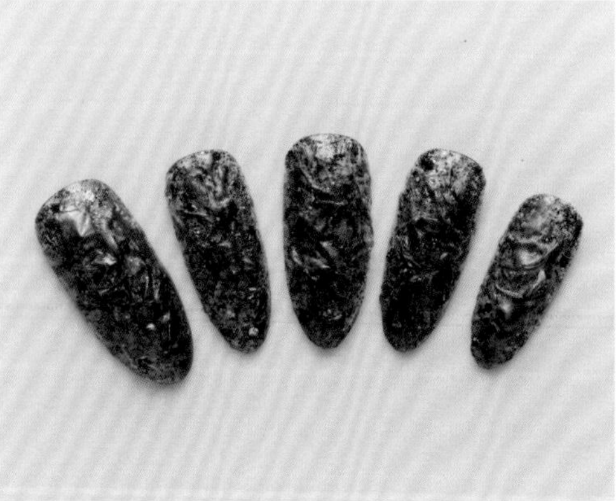

La casetta

nail Primera

Lyreivy

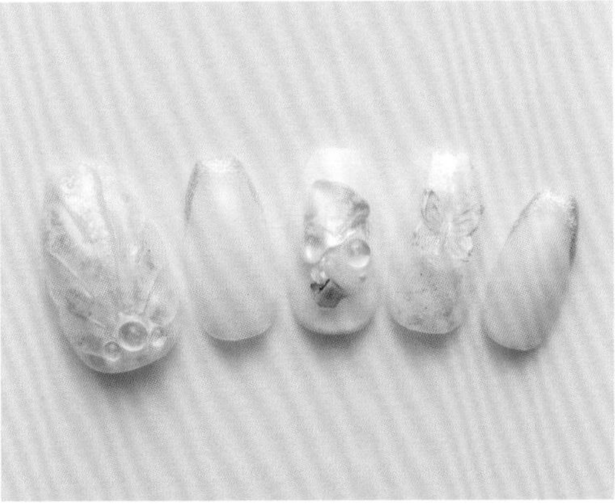

nail jam

coconail's gallery

flicka nail arts

nail_calme

Portulaca

uka

夏

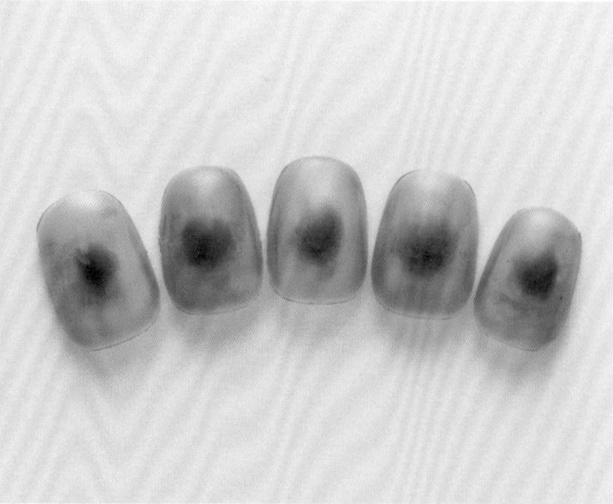

DLAW TOKYO

uka

virth+LIM

La casetta

coconail's gallery

Portulaca

atelier+LIM

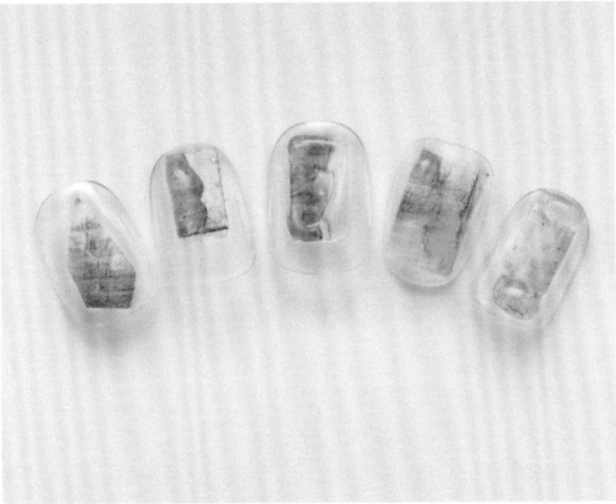

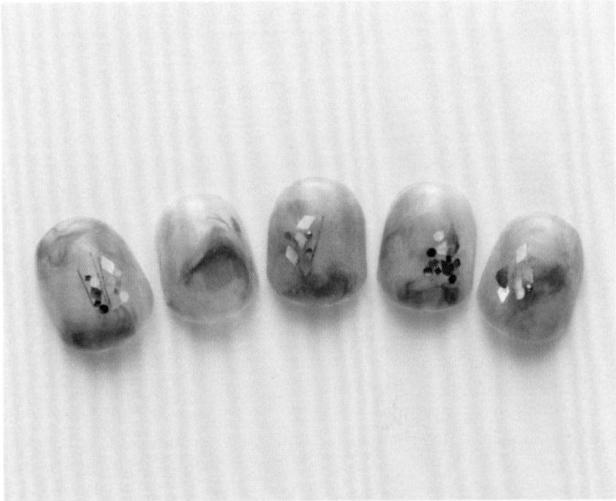

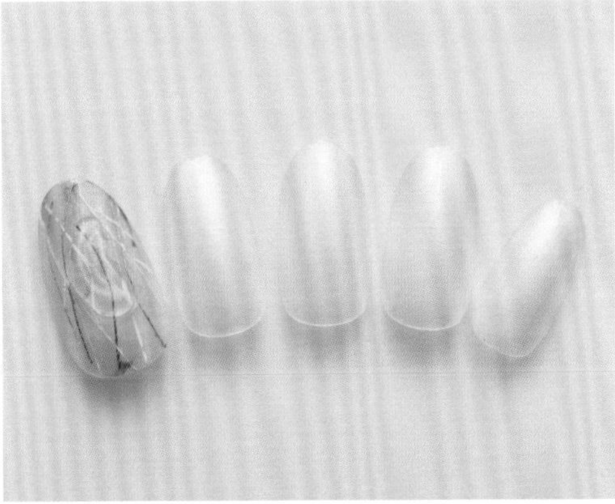

niiina

DLAW TOKYO

nail salon an cherir

virth+LIM

uka

coconail's gallery

Autumn

秋

使用了像紅葉的沉穩色調或霧面色，
具秋天氣息的美甲設計們。

hokuri

ATORI NAIL

niiina

flicka nail arts

hiyonail

effrontee tokyo / kyoko

しろくまnail

nailsalon ma-ni

nail Primera

coconail's gallery

La casetta

atelier+LIM

秋

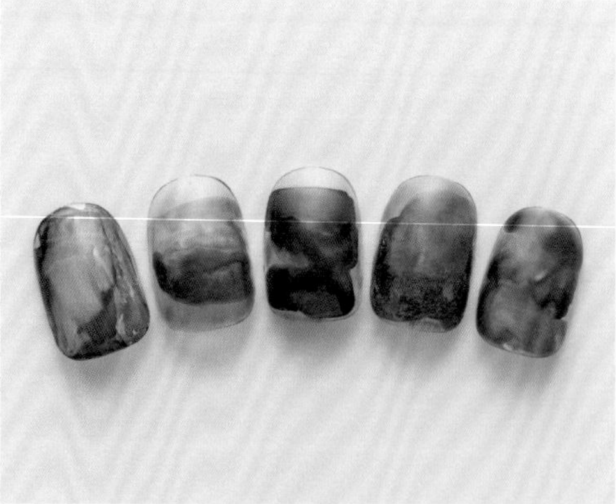

nail_calme

La casetta

DLAW TOKYO

uka

flicka nail arts

ATORI NAIL

S♡Mint

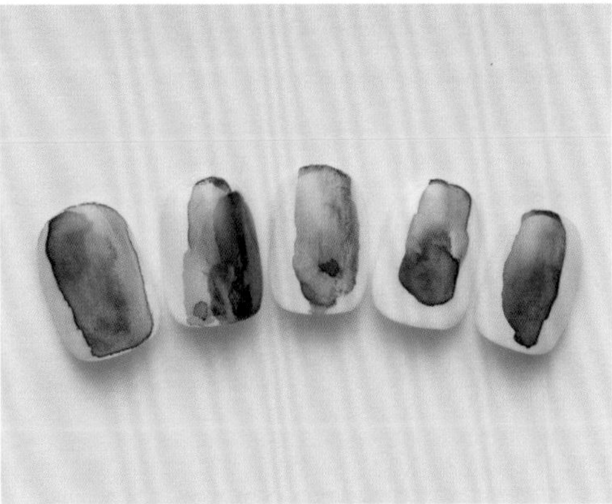

nail_calme

Lyreivy

DLAW TOKYO

Nailsalon Bliss

nail salon an cherir

uka

冬

集結了適合在寒冷的季節裡裝飾的
溫暖而優雅的設計。

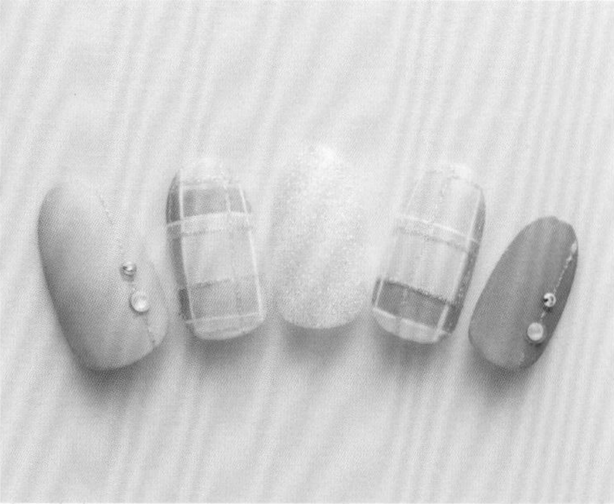

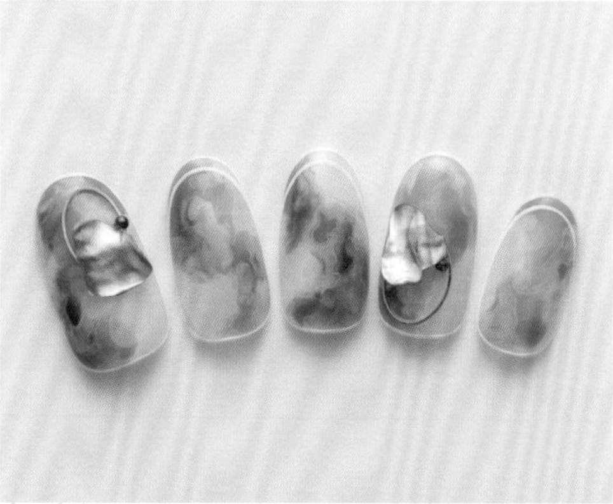

Lupinas

hiyonail

しろくまnail

S♡Mint

atelier+LIM

nail Primera

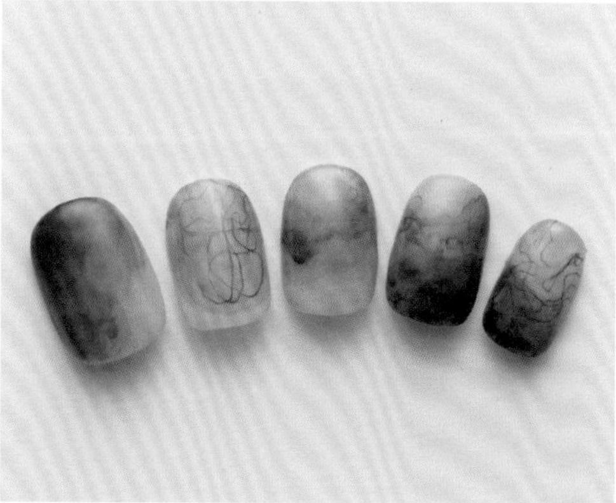

nail Primera

La casetta

nail salon an cherir

Lupinas

effrontee tokyo / kyoko

atelier+LIM

Winter

冬

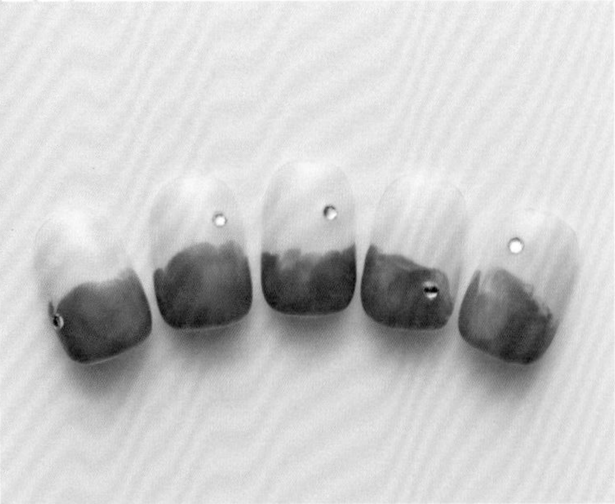

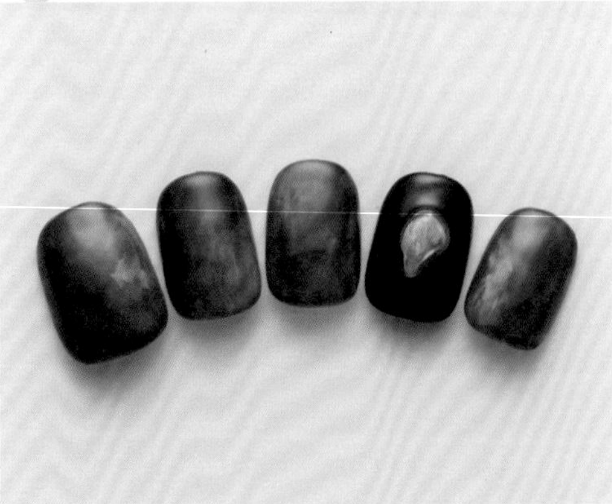

puu daikanyama

nail Primera

niiina

しろくまnail

DLAW TOKYO

Nailsalon Bliss

uka

nail Primera

nail Primera

Lyreivy

uka

flicka nail arts

Portulaca

Column
4
避免美甲問題的方法

美甲雖然看起來亮麗，但一旦處理不當，也可能引起指甲的疾病……。
以下來了解尤其需注意的「綠膿桿菌感染（綠指甲）」，以及其避免的方法，
以健康的指甲享受美甲的樂趣吧。

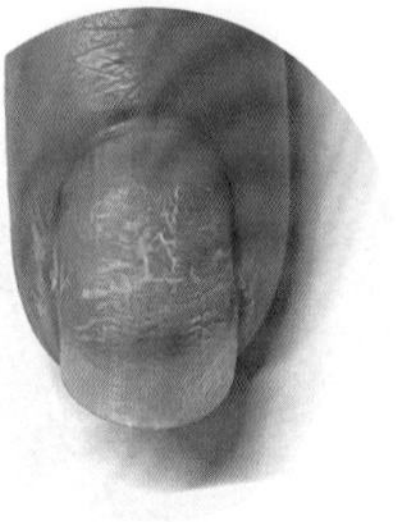

綠膿桿菌感染
（綠指甲）

一旦凝膠或壓克力剝離，與指甲產生隙縫，水分會從該處滲入，導致綠膿桿菌繁殖。此外，美甲要是有裂縫或斷裂，會形成細菌入侵的隙縫，因此保養維護非常重要，不能置之不理。再加上美甲的劣化也會導致剝離，應記得定期進行維護。

其他還有這些疑難雜症！

甲床剝離

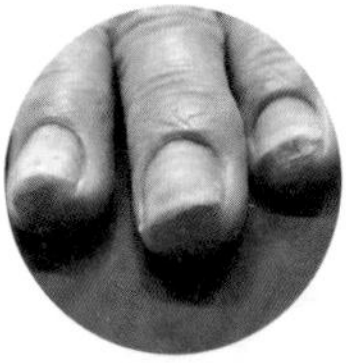

甲床剝離是指由於外傷或是皮膚發炎等等的原因，指甲板由指甲前端開始從指甲床剝離的狀態。綠膿桿菌一旦從這裡入侵，也可能引起綠指甲。

色素沉澱

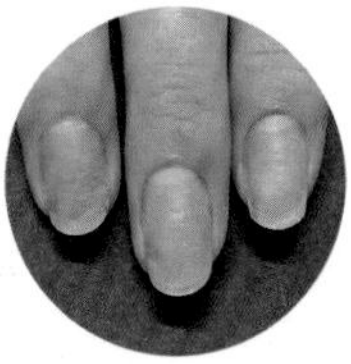

如果要塗指甲油，上色之前務必塗上基底護甲油。如果省略基底護甲油，可能導致如同照片中彩色指甲油的色素沉澱。此外，勉強自行進行甘皮保養的話，也可能導致長出來的指甲表面凹凸不平……。

NG!

是否將造成美甲問題的原因置之不理!?

✕ 放置美甲斷裂或裂開的部分不管
→細菌可能從斷裂的部分入侵！

✕ 美甲後2個月左右還不卸除凝膠或壓克力
→產生剝離、與指甲之間的隙縫可能潛藏細菌……

若是感覺指甲有異狀的話？

建議馬上與美甲師商量。請美甲沙龍處理的話，應盡早進行保養。有些狀況必須到醫院接受診療，因此有不尋常的症狀時，切勿放置不管，應該盡早處置。

Part.
5

足部美甲

將裸足妝點得美麗又充滿魅力的足部美甲。
連腳趾都保養得漂漂亮亮，
不經意映入眼簾時，便讓人不自覺地開心起來。
手部不方便做美甲的人，
不妨透過足部享受亮麗的美甲之樂！

Feminine

女性化

集結了將腳趾妝點得絢麗耀眼、
女人味十足的優雅設計。

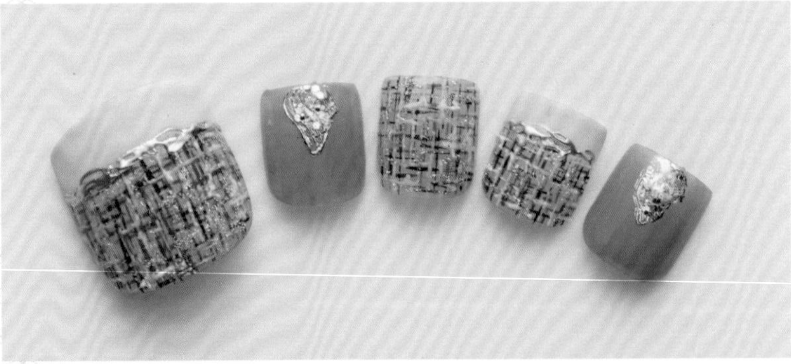

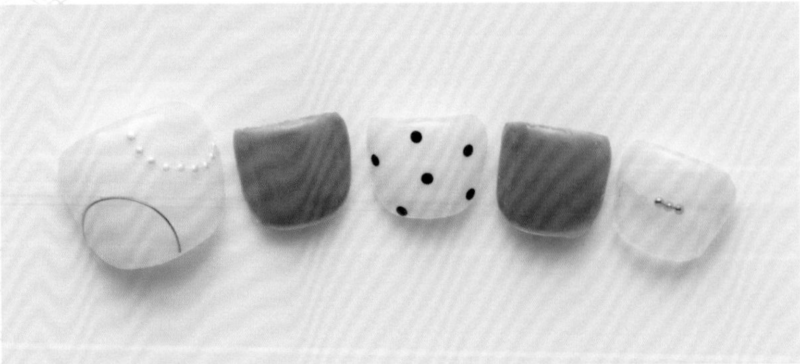

Portulaca

S♡Mint

nail Primera

atelier+LIM

uka

S♡Mint

nail salon an cherir

nail Primera

女性化

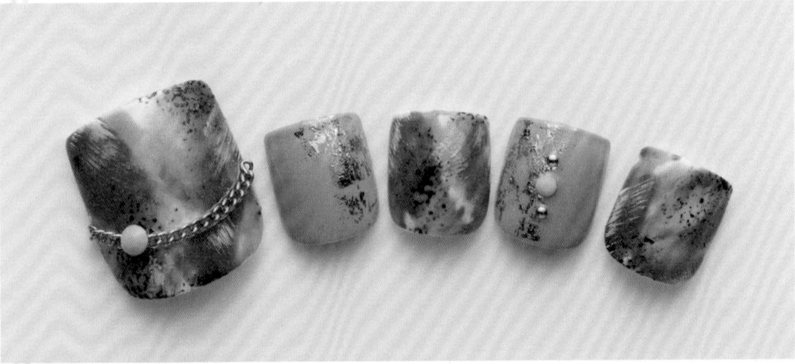

Portulaca

Nailsalon Bliss

nail Primera

Portulaca

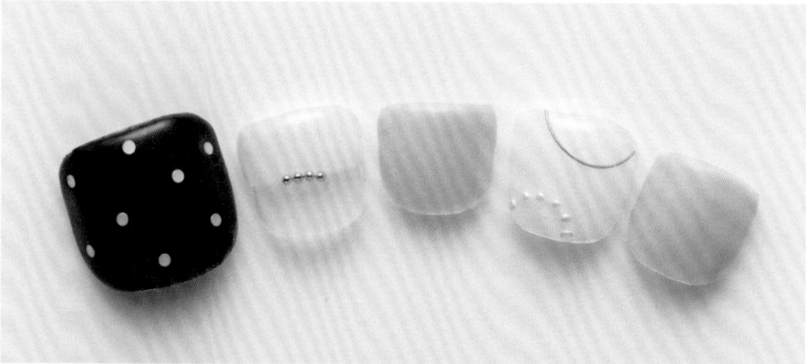

atelier+LIM

nail Primera

uka

S♡Mint

Feminine

女性化

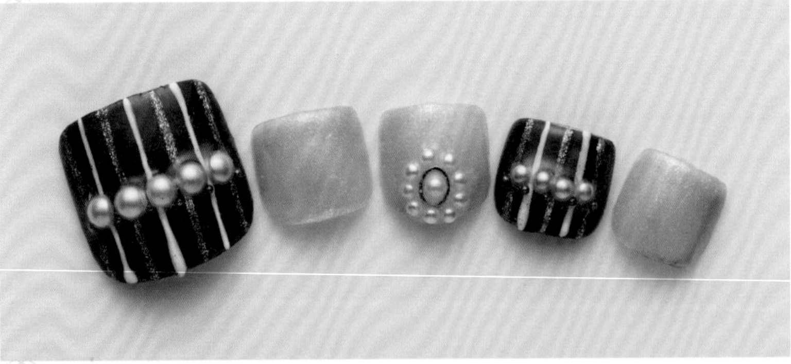

nail salon an cherir

S♡Mint

Portulaca

nail Primera

時髦

大理石或幾何圖案等等，
以別緻的設計打造酷炫的腳趾。

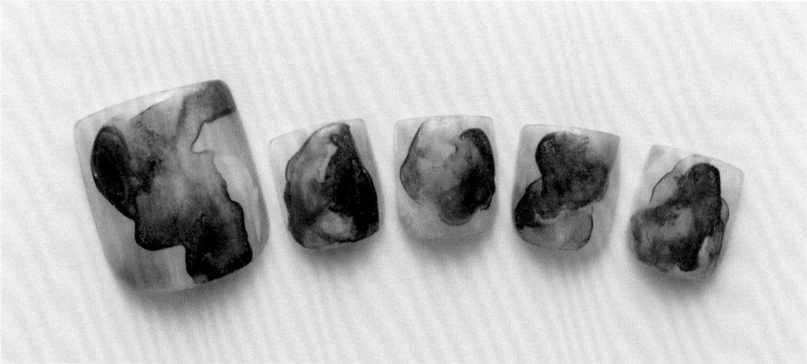

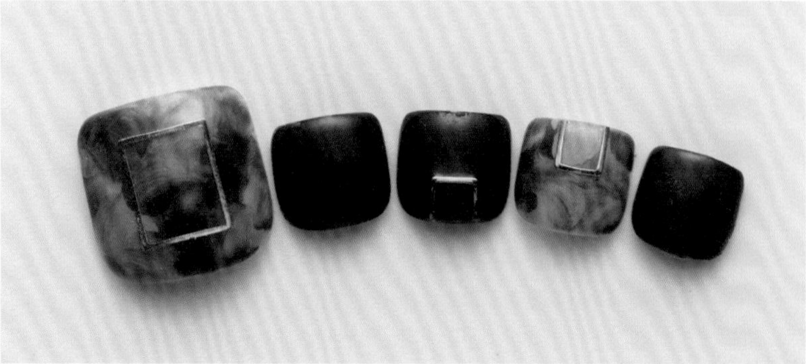

DLAW TOKYO

S♡Mint

uka

nail Premera

時髦

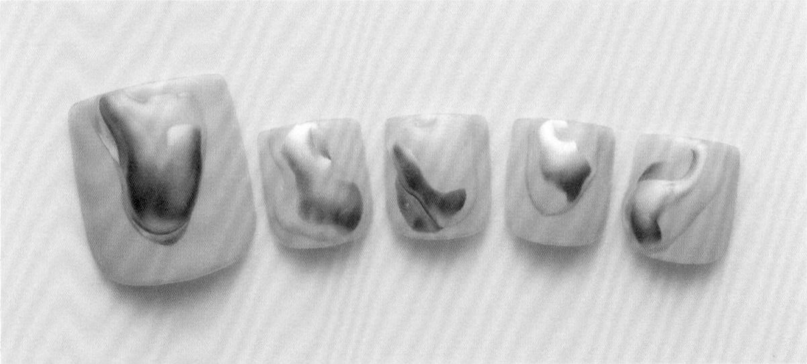

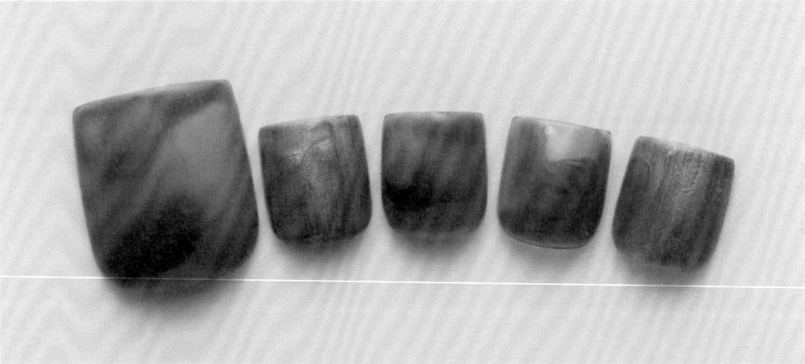

nailsalon ma-ni

DLAW TOKYO

DLAW TOKYO

S♡Mint

nail Primera

S♡Mint

DLAW TOKYO

hokuri

時髦

DLAW TOKYO

nail salon an cherir

flicka nail arts

S♡Mint

休閒

心情不自覺地雀躍起來!?
顏色鮮豔又歡樂的美甲大集合！

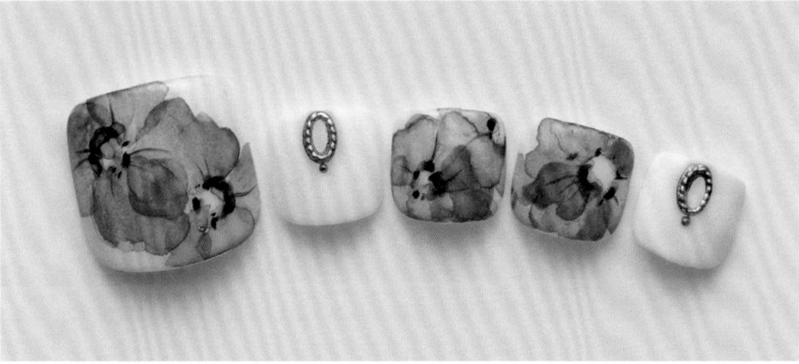

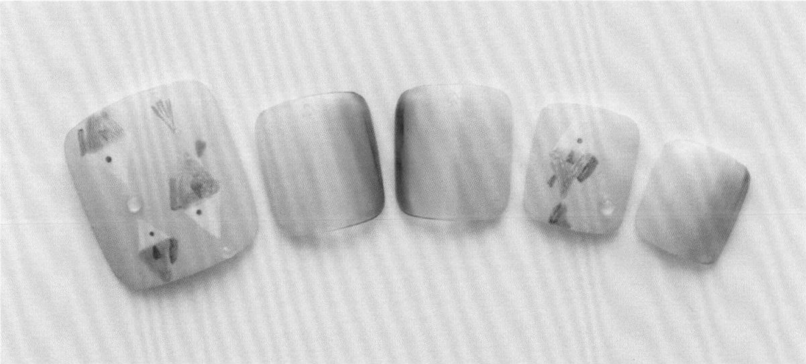

virth+LIM

S♡Mint

hokuri

Nailsalon Bliss

休閒

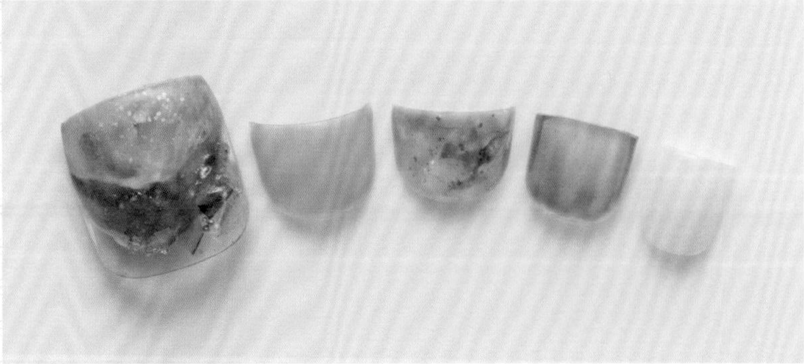

virth+LIM

nail Primera

Portulaca

nailsalon ma-ni

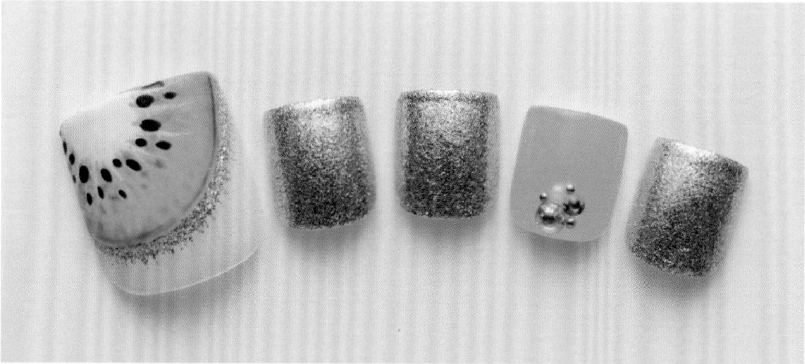

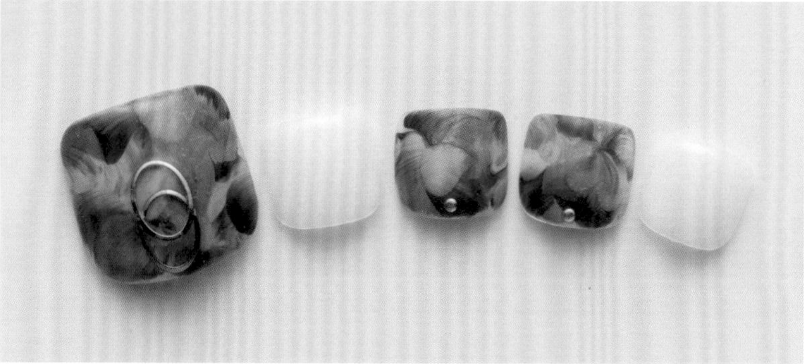

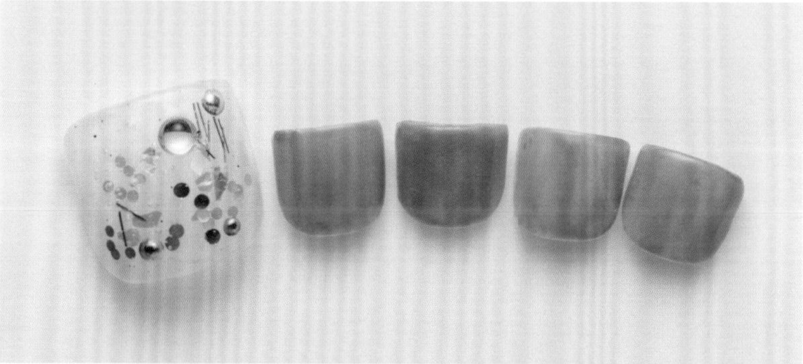

La casetta

S♡Mint

virth+LIM

nail jam

休閒

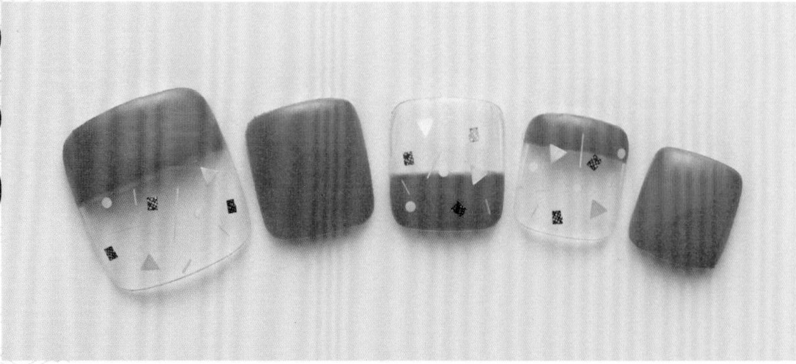

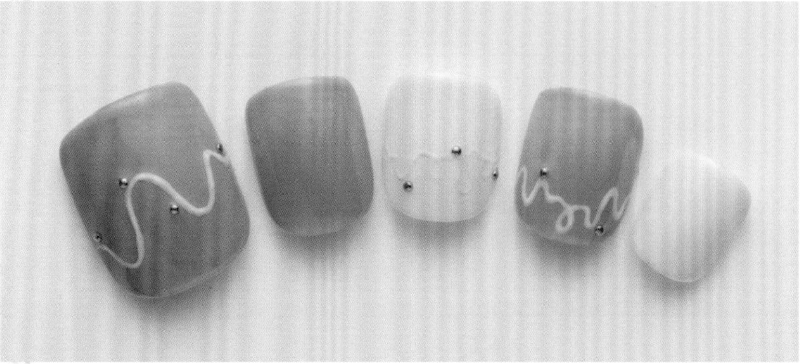

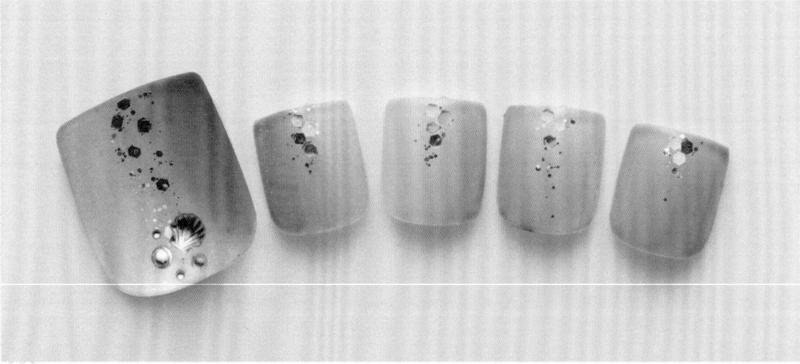

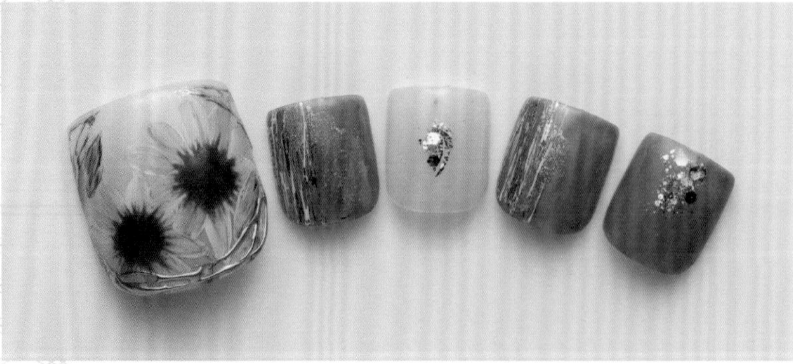

hokuri

uka

La casetta

nail Primera

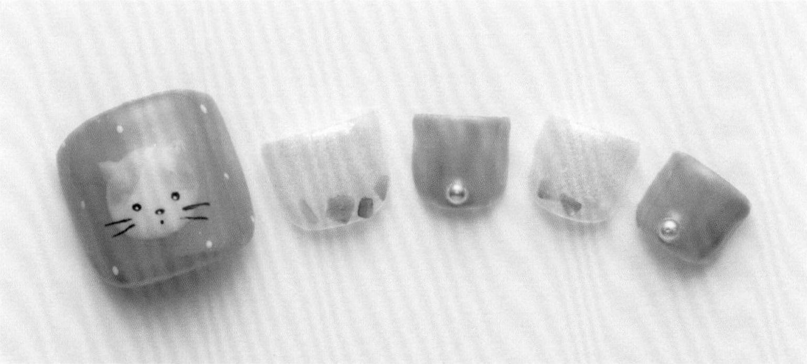

nailsalon ma-ni

flicka nail arts

hiyonail

virth+LIM

休閒

hokuri

Portulaca

hiyonail

La casetta

Column 5

足部保養連去角質也要確實到位！

由於足部承載了全身的體重，負擔很重，穿著鞋子走路，很容易因摩擦而引起發炎，使得腳跟或腳底的角質變硬、變厚。置之不理的話，腳跟或腳底會變得很粗糙，嚴重的話還可能產生乾裂……如此一來，特地做好的足部美甲也魅力減半了。和手部一樣，腳趾甲除了要透過處理甘皮和保濕來進行保養，也應確實做好去角質。

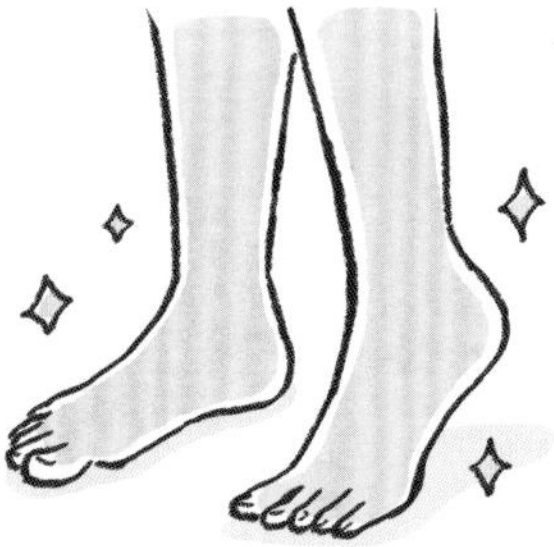

乍看之下很乾淨漂亮，在專業人士手中角質紛紛剝落……應定期到美甲沙龍保養！

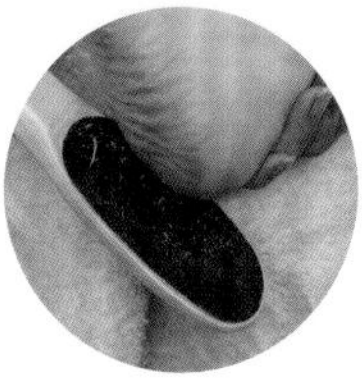

NG!

不可以在浴室去角質

居家進行去角質時，應該很多人都會在浴室進行吧。然而這是錯誤的！浴室裡濕氣重，即使摩擦角質也不會輕易剝落，因此常常因過度打磨而傷及皮膚。應該將角質泡軟，以毛巾稍微擦乾後，在濕氣不重的地方進行保養。保養後別忘了保濕！

透過細心的保養，打造足部美甲閃耀動人的雙腳♪

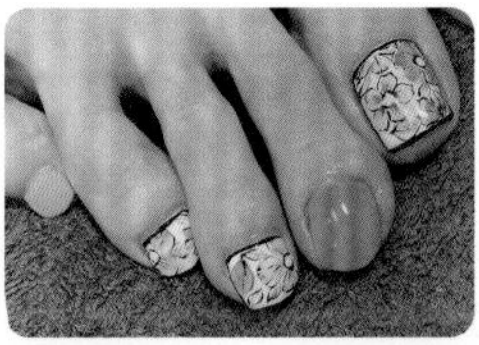
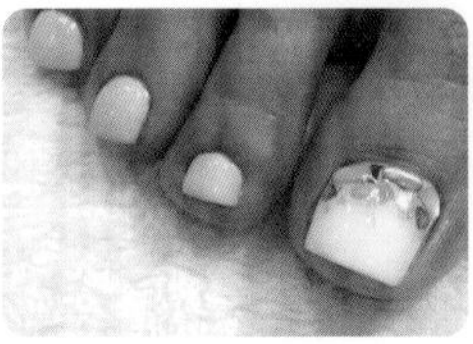
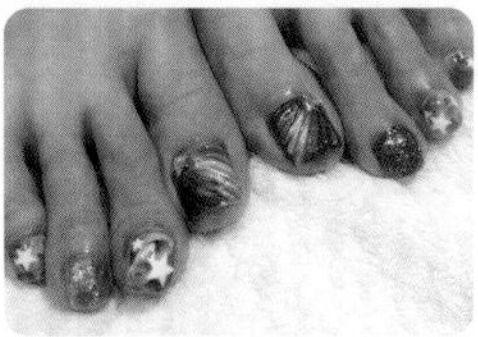

了解更多美甲小知識

美甲 Q & A

以下列舉了關於美甲常見的問題。
如果有在意的事項或煩惱，不妨確認看看。

Q1 做美甲會傷害指甲嗎？

A1 視選擇的美甲而定。此外，也會因是否正確保養、卸甲而改變。

由於以往的凝膠或壓克力，必須稍微磨掉（打磨）指甲表面，因此容易傷害指甲。不過，如果選擇不需打磨指甲的美甲方式，就能減少對指甲的負擔。

此外，錯誤的保養和卸甲也會導致指甲受傷。不只是自己做美甲，在美甲沙龍做美甲，也必須具備正確的知識和一定的技術。為了指甲的健康著想，選擇有日本美甲師協會認定的美甲沙龍這類可信賴的美甲沙龍，也很重要。

Q2 一旦開始做美甲，就要持續做下去嗎!?

A2 做一次就打住也OK。

當然做一次就不做也無妨。只不過，如果是在美甲沙龍做凝膠美甲或壓克力美甲的話，卸甲最好也交給美甲沙龍。要是放置劣化的凝膠或壓克力殘留在指甲上不管的話，可能引起綠指甲（P.196）等指甲的問題。

卸甲的參考時間為美甲後3星期～1個月左右。有些美甲沙龍除了以保養油保養，也會教導日後的保養相關知識，較令人放心。

Q3 因為指甲很薄，做美甲會擔心。

A3 指彩的話就沒問題。可以利用凝膠或壓克力補強。

如果使用不需打磨的凝膠或是指彩的話，由於不會消磨指甲，所以較薄的指甲也沒關係。相反的，由於凝膠或壓克力較為堅固，也可以使用這些素材來補強指甲。

Q4 用做了美甲的指甲做料理，會不會有影響呢？

A4 沒有影響。

如果日常生活中常常要煮飯或做家事，建議將水鑽等裝飾配件牢牢固定。以免徒手洗米的時候，一個不小心掉落了……。

Q5 在美甲沙龍做了美甲，卸甲可以自己來嗎？

A5 最好不要。

如果方法不正確，可能不小心傷害到指甲。一般來說，凝膠或壓克力比較難卸除，因此除了自助美甲用的簡易凝膠美甲套組以外，最好交給專業人士。無論如何都得自行卸除的話，建議使用不含丙酮的卸甲液。

Q6 可以只做足部美甲嗎？

A6 當然可以！

除了足部美甲，有些美甲沙龍針對「可幫忙剪指甲嗎？」、「可保養捲甲症的指甲嗎？」這類美甲以外的需求也有提供服務。舉例來說，孕婦或是長者不方便彎下腰剪指甲，因此有些地方設有單剪指甲的項目。

Q7 發現很棒的美甲配件，可以請美甲沙龍幫忙裝上嗎？

A7 另外付費的話可以。

可以。只是大多需要支付工本費或處理費。美甲片或是美甲貼自己貼不好的話，只要另外付費，有些美甲沙龍也能代勞。對應與否因美甲沙龍而異，不妨事先確認。

Q8 可以只去做保養嗎？

A8 當然可以！

為了指甲的健康，定期保養是不可少的。因此，只為了做保養而定期前往美甲沙龍的人不在少數。只不過，有些美甲沙龍只接受和美甲成套的保養，須事先洽詢。

Q9 沒有卸除自己做的美甲，就去美甲沙龍沒關係嗎？

A9 沒關係。

其實更建議交給美甲沙龍卸除。如同Q5所說，自行卸甲可能會對指甲造成反效果。不論是覺得「美甲劣化了，很不好意思……」，或是指尖保養不足再怎麼乾燥粗糙、滿目瘡痍，沒有自信的話最好還是直接交給專業人士。搞不好反而會激發美甲師的鬥志也說不定!?

Q10 如果在美甲沙龍完成的美甲不如預期，可以要求修正嗎？

A10 確認規定後與美甲師討論。

建議施作以前先確認清楚美甲沙龍的規定。此外，指甲的長度和寬度、弧度、指形等等天差地別，即使有理想圖，手指不同，做出來當然也不一樣，最好先有這樣的認知。如果並非自己不小心所導致的配件脫落等狀況，有些沙龍在期限內可協助修補。

享受居家美甲的樂趣

如果想要任何時候都可輕鬆享受美甲之樂的話，推薦「居家美甲」。
以下介紹利用時間空檔，簡單就能享受的美甲方式。

Lesson 1

美甲保養的基本

基本的美甲保養在家就可以輕鬆完成。
必要的工具可以在美甲店或百元商店等地方購買。

磨砂棒（指甲銼）

用來修整指甲的長度、形狀（指甲刀容易傷害指甲，建議使用指甲銼）。

海綿磨棒

用來磨平指甲表面（最後收尾）。比磨砂棒更加細緻，可以將指甲的不平整修光滑。

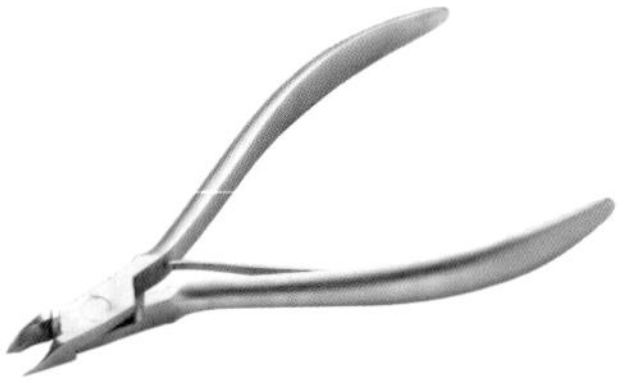

甘皮剪

用來去除甲上皮角質（P.10）或倒刺。特徵是刀刃的前端比剪指甲用的指甲鉗更小。

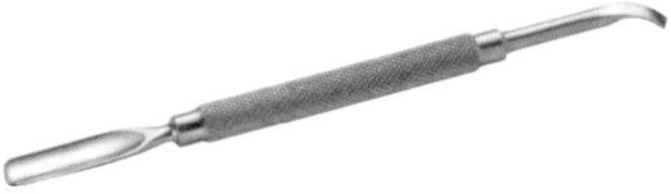

金屬推棒

用來推起指緣的甘皮以進行處理。美甲沙龍也常常使用。

有這些的話也很方便！

粉塵刷

用來掃除修磨裸甲時所產生的粉塵（指甲屑或灰塵等等）。

陶瓷推棒

和金屬推棒一樣是用來推起指緣甘皮的工具。魅力是輕巧好使用，而且不容易生鏽。

How to

做好居家美甲的準備

① 消毒

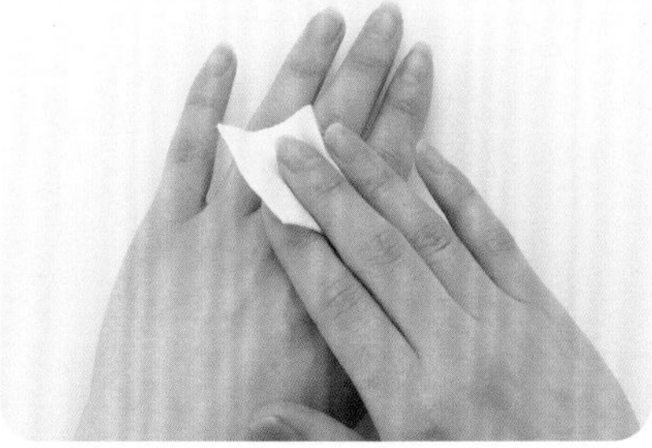

以化妝棉等物沾取酒精（消毒液），擦去手上或指甲的髒汙、指甲表面多餘的油脂、水分。可以使美甲不容易剝落、更加持久。

② 修甲

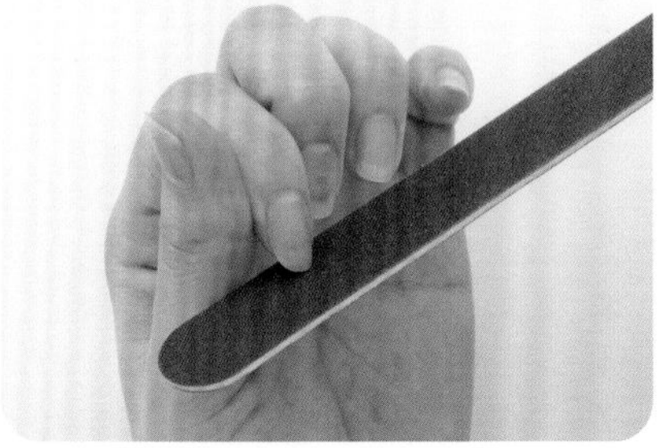

以磨砂棒修整指尖的形狀。指甲過長的話不容易保養，最好平時就隨時修整。

修磨的技巧

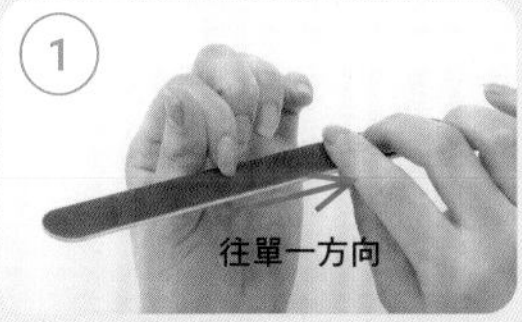

以食指和中指、拇指輕輕捏住磨砂棒的一邊。用拇指托住要修整的指甲，會比較穩固。

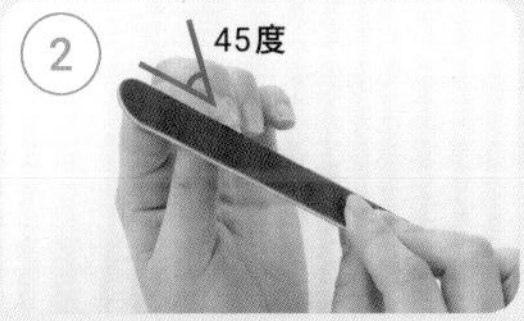

將磨砂棒呈45度角靠在指尖上，往單一方向移動。過度貼合指甲，或是來回摩擦都會傷害指甲，必須留意。先從指甲的中央開始，接著再修整兩側的形狀。

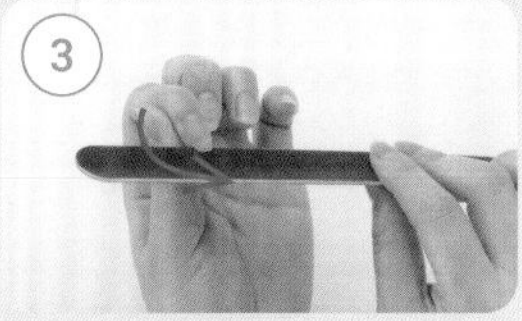

修整完中央和兩側之後，接著將角度修圓。繼續維持45度角，從兩側往中心如同畫圓般向相同方向移動。

Check!

指尖平整，且順著指形呈現漂亮的形狀就完成了。指甲沒有龜裂或剝離，指尖的斷面也修整光滑。

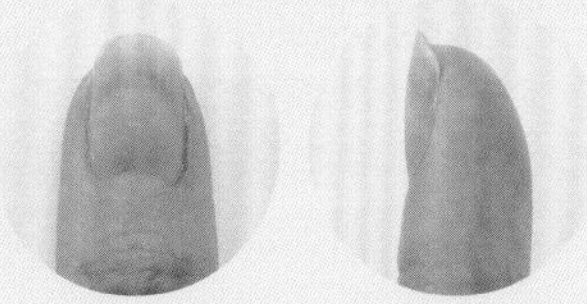

③ 處理指緣上皮（甘皮）

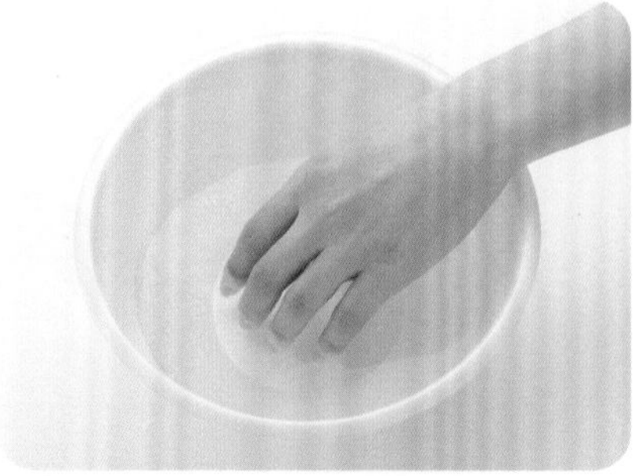

準備40℃左右的溫水，將指尖浸泡5～10分鐘左右，讓甲上皮角質變為容易去除的狀態。也推薦在剛洗完澡皮膚柔軟時進行處理。

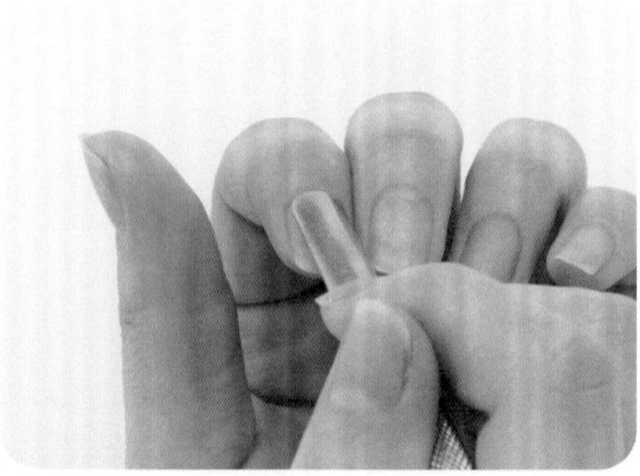

用金屬推棒將甘皮往指緣方向輕輕推起。推起來的白色部分是可以去除的甲上皮角質。

上推甘皮的訣竅

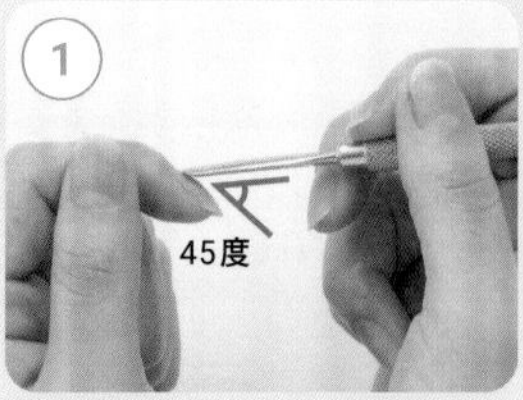

將金屬推棒和指甲呈45度角，讓指甲貼合住圓形湯匙狀的部分，最好在桌子等較穩定的地方支撐住手臂使用。

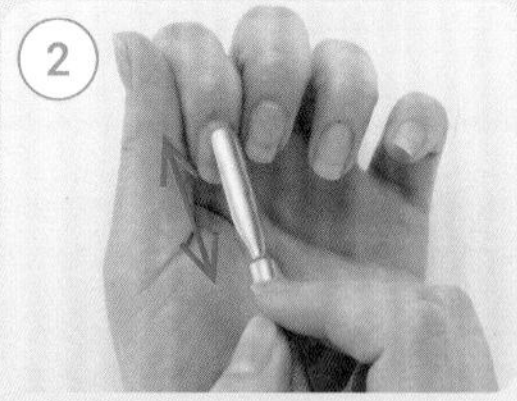

一邊小心不要施力過重，一邊重複推、拉的動作，逐漸推起甘皮。兩側的部分也移動推棒、抵到中央。

Point

金屬推棒雖然堅硬，容易推起甘皮，但如果用力硬往上推的話，也可能對指甲根部或內部的甲母質造成傷害。重點在於一開始先讓指緣上皮軟化、變得容易處理。

Check!

指甲表面附著的甲上皮角質被推起來就完成了！

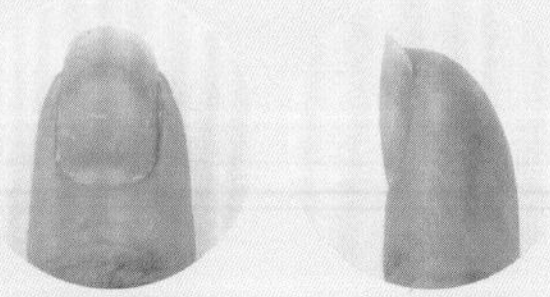

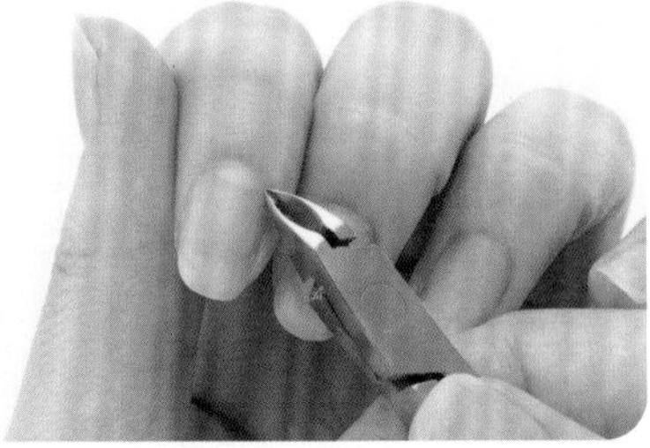

用甘皮剪剪掉被推起的甲上皮角質，並去除手指的倒刺。將指甲周圍修整乾淨。

使用甘皮剪時要注意！

甘皮剪的刀刃前端很銳利，要是用力壓手指，或是硬拉扯甘皮的話，有可能會受傷流血……操作時務必小心，以正確的握法安全使用。

甘皮剪的使用訣竅

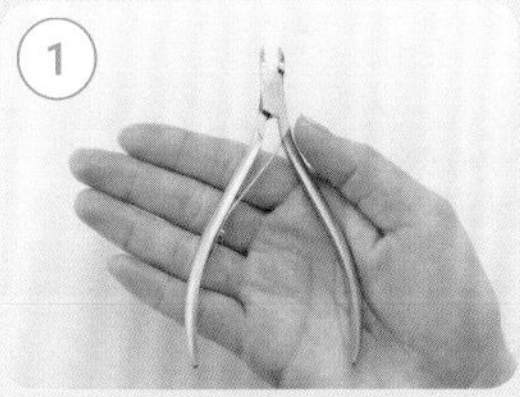

將甘皮剪放在攤開的手掌上，以這個姿勢輕輕握住（因為如果從上方抓握的話，很容易過度施力，要小心）。

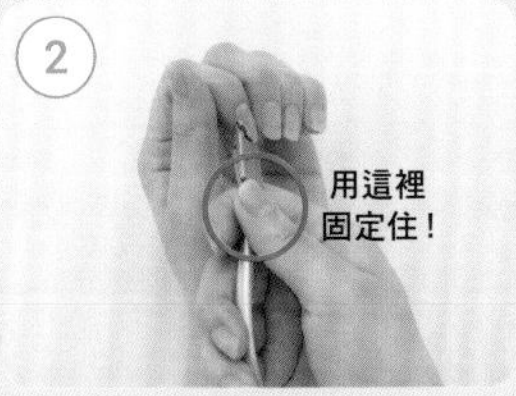

用手指固定住刀刃前端、把刀刃拿到與甘皮平行的位置，再將刀刃前端打開1～2㎜左右，一小段一小段修剪（不要每次都剪斷，甘皮保持相連，一點一點修剪下去）。

Point

去除甲上皮角質後，指甲看起來既修長又漂亮，美甲也會因此顯得更美觀！此外，不只能預防乾燥和倒刺，還有助於吸收指緣油或護手霜的營養、保濕成分，讓美甲更容易持久。只不過，太過於頻繁處理的話，角質和甘皮反而容易變厚，因此一個月進行2次左右即可！

Check!

甲上皮角質不見了，指緣整潔清爽！處理完後要擦拭乾淨，避免殘留碎屑。

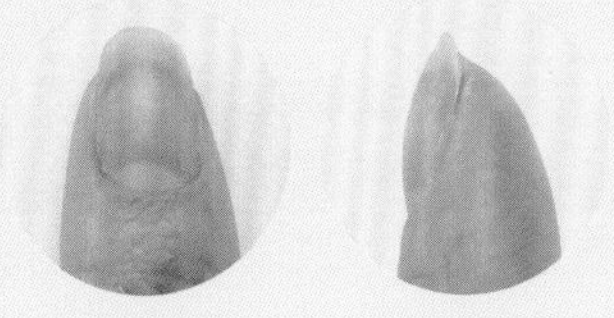

Lesson 2

指彩美甲的基本

調整好指甲的狀態後，接著來塗指甲油吧！
塗好後只需自然乾燥，簡單就能完成。

基本工具

基底護甲油

塗指甲油之前將護甲油塗在指甲表面。具有保護劑般的作用。除了能讓美甲顏色更均勻、更加顯色，也可以防止裸甲因指彩造成色素沉澱。

指彩

也稱為指甲油。色彩變化豐富，還有添加亮粉或霧光、透明無色、通透等各種種類。

表層亮甲油

最後完成時塗在指彩上。可保護指彩或配件，並增添光澤。

去光水(指甲油去除劑)

用來卸除指甲油。以化妝棉或廚房紙巾沾取使用。

有這些的話也很方便！

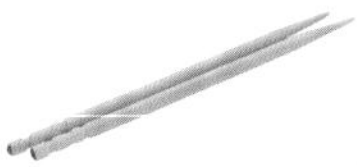

牙籤

進行細小的指甲彩繪，或去除溢出指甲的指甲油這類細微的工作都可以使用。是萬用的物品。

化妝棉

沾取去光水或酒精，擦掉指甲上的油脂或指甲油。

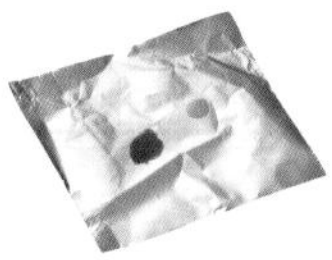

鋁箔紙

進行美甲混搭、配色時，可以當成盤子用來放指彩，非常方便。

混搭配色時需要的物品

眼影棒

能像筆一樣使用，因此可以用來做圓點或橢圓、大理石紋等等的設計。

紙膠帶

輕輕鬆鬆就能貼上、撕除，做直線的法式或鏤空等設計時可以使用。

海綿

撕成小塊使用。可以做漸層或暈染這類設計。

How to

塗滿指甲油

1 塗上基底護甲油

3 1 2

以刷頭沾取少量，依中央→兩側邊緣的順序，分3次塗抹薄薄一層在整個指甲上。等待徹底變乾。

2 將指甲前緣塗上指彩

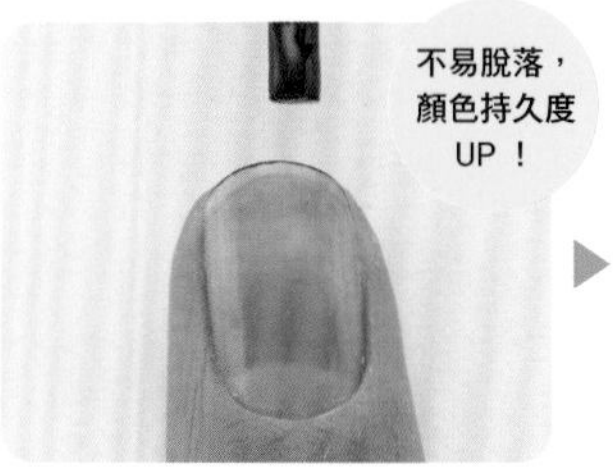
不易脫落，
顏色持久度
UP！

將指尖的前緣塗上少量喜歡的指彩（用刷頭前端輕輕帶過）。

3 塗上中央線

重點是
迅速塗刷！

由中央線開始，將指彩從指甲根部往指尖塗。

4 塗側緣

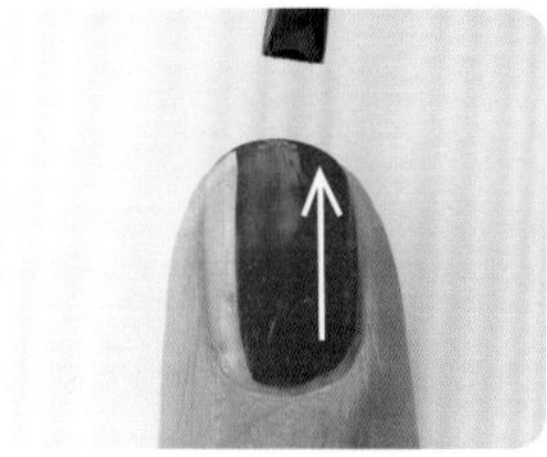

和中央一樣塗在左右兩側邊緣。

5 整體塗上第二層

塗上第二層，在指彩變乾之前，消除不平整、填補漏塗的地方。

6 塗上表層亮甲油

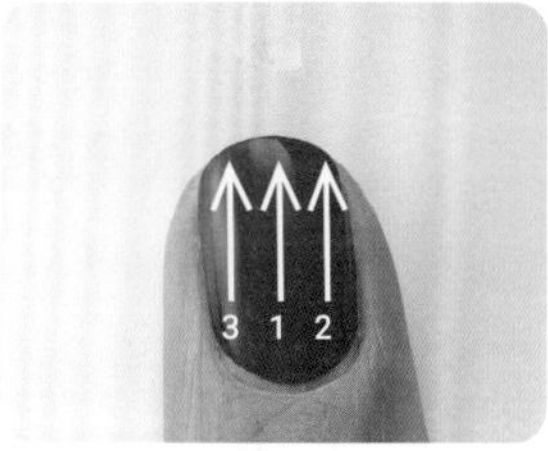
3 1 2

指彩乾燥後，塗上表層亮甲油。和基底護甲油、指彩一樣，從中央→兩側邊緣依序塗上。

Point

擦去溢出的指彩

用棉花棒等物沾取去光水，輕輕擦去溢出指甲根部或側緣的指甲油。

Point

配件要在塗第二層後馬上放

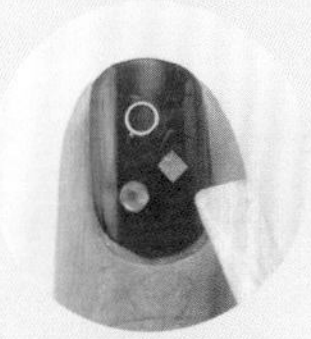

搭配水鑽這類配件時，在指彩塗好第二層後要馬上放上去！上方再塗上表層亮甲油後，就能牢牢固定。

Lesson 3

指彩美甲混搭

使用手邊的工具，享受各式各樣的混搭樂趣。
也可以用手邊有的顏色或依喜好搭配！

直紋法式

直接活用指甲油刷頭寬度的簡單直條紋。
使用4～5種顏色，營造繽紛多彩的印象。

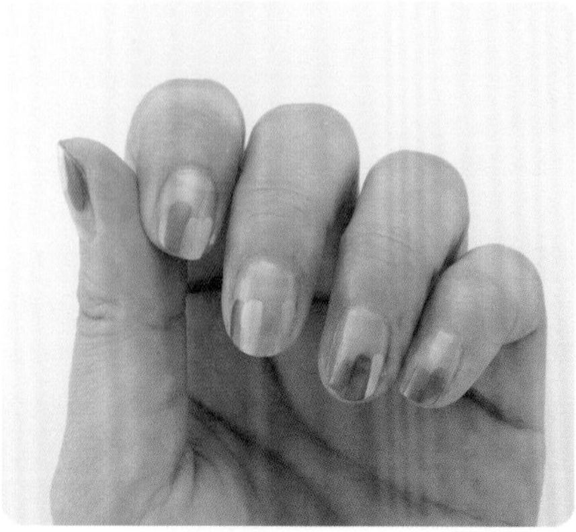

使用的工具

- **基底護甲油**
- **指甲油（4～5色）**
  →白色、橘色、藍色、黃色、紫色
- **表層亮甲油**

將所有指甲塗上基底護甲油後，以刷頭沾取第一種顏色的指甲油，從指尖約1/3處往指尖畫一道直線。直條紋的寬度可以根據喜好調整，例如一個刷頭寬或兩個刷頭寬等等。

※一開始先根據指甲的寬度，決定好使用的顏色數量和條紋的寬度。

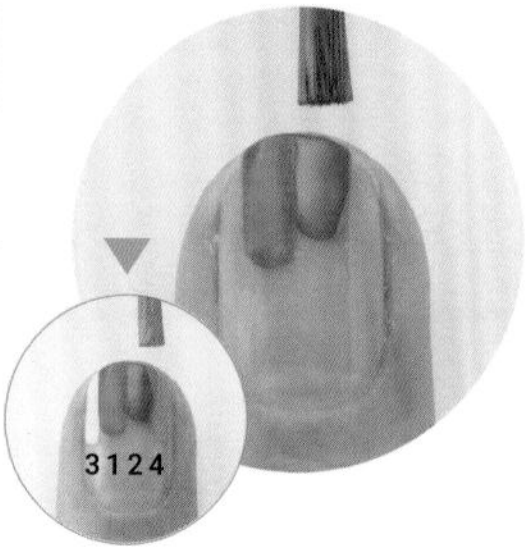

在第一種顏色旁邊，不留空隙緊接著畫上第二、第三種顏色的線條。在第一種顏色之後，交替塗左右的線條的話，比較容易畫得均衡。其他指甲也一樣，一邊改變顏色的組合、畫上線條。乾燥後，最後塗上表層亮甲油。另一隻手也以相同方式上色。

Memo

卸除指甲油

將化妝棉沾滿去光水，從上方一邊壓緊、一邊擦拭。反復摩擦的話會傷害指甲，所以要避免！

將去光水先裝入美甲專用的壓瓶中，會更便於取用。事先把化妝棉剪成小塊的話，也會更加方便！

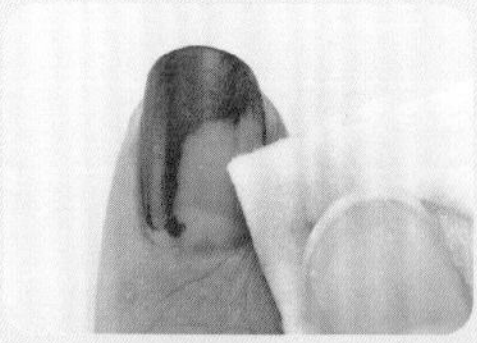

將化妝棉靜置於指甲上讓去光水滲透，約30秒之後再擦拭，指甲油會更容易卸除。

單色鏤空

使用紙膠帶製作的簡單鏤空設計。
只需在簡樸的單色上稍微加點巧思，即可打造出時尚的休閒風美甲。

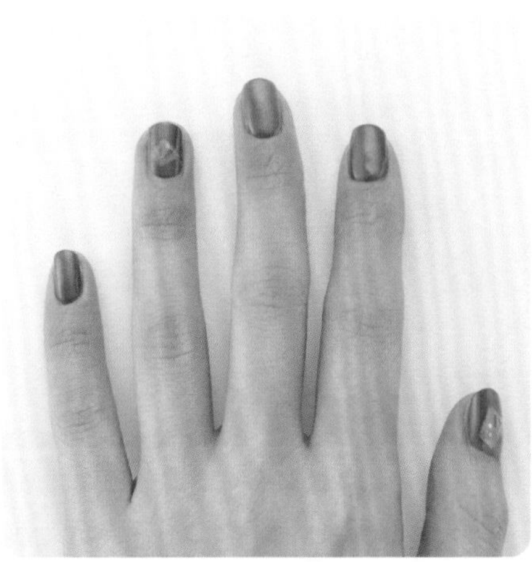

使用的工具

- 指甲油（2色）→橘色、粉紅色
- 表層亮甲油
- 紙膠帶
- 剪刀
- 鑷子
- 木棒
- 美甲配件（彩珠、紙膠帶）

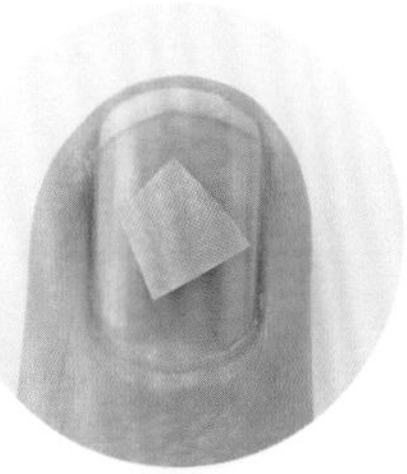

將紙膠帶用剪刀剪成梯形，不留空隙緊貼在拇指和無名指的中央。※剪成約指甲的1/3大小的話，整體看起來較為均衡。

▼

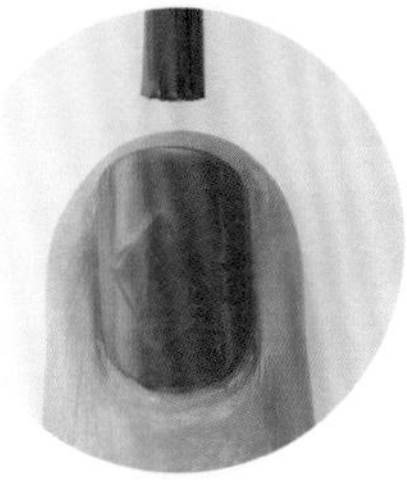

將整個拇指、無名指（從紙膠帶上方）、小指的指甲塗滿指甲油（橘色）。食指和中指的指甲也塗滿指甲油（粉紅色）。

※塗的時候要留意紙膠帶的邊緣等地方不要留白。

▼

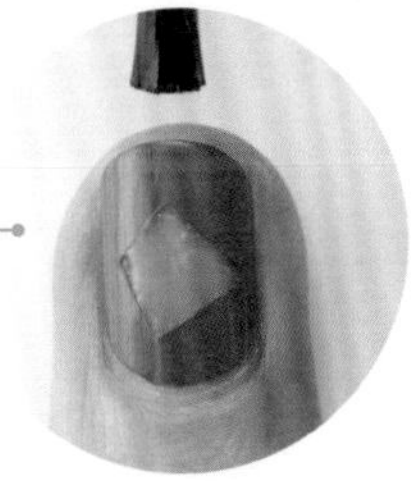

指甲油乾燥後，撕除紙膠帶，將所有指甲塗上表層亮甲油。

※鏤空的部分尤其要確實塗上。

▼

利用木棒在鏤空的部分放上美甲配件，上方再塗上表層亮甲油。另一隻手也以相同方法上色。

Point

用鑷子撕除

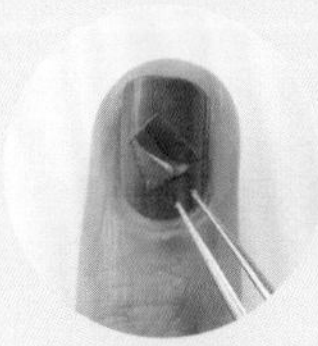

用鑷子輕輕夾住紙膠帶的一角，小心不要破壞形狀，慢慢撕下來。如果鏤空的部分髒掉或有指彩溢出來，可以用棉花棒沾去光水擦掉。

休閒風橢圓

用粉紅色和灰色的組合打造出時髦的休閒風橢圓。
使用眼影棒就能做出這麼可愛的彩繪風美甲。

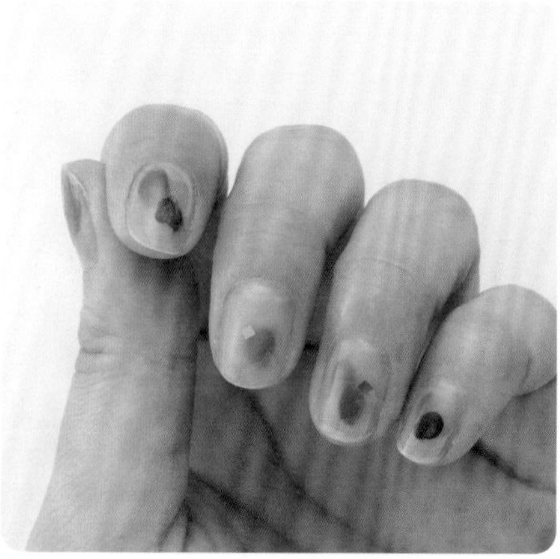

使用的工具

- 基底護甲油
- 指甲油（3色）→粉紅色、紅色、灰色
- 鋁箔紙
- 眼影棒（2根）
- 美甲配件（方形亮片2片）
- 表層亮甲油
- 木棒

Point

可以依照個人喜好變更各個手指的顏色平衡！建議留意避免相同的顏色重疊。顏色數量愈多愈有普普風，如果以冷色系為主調，則會營造出冷酷的風格。眼影棒要每個顏色分開使用。

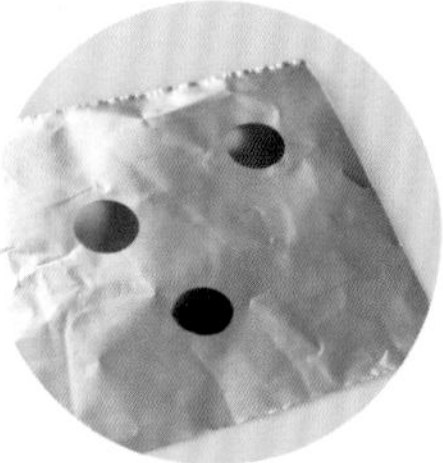

先取出指甲油的使用量（約1顆紅豆大）在鋁箔紙上。

▼

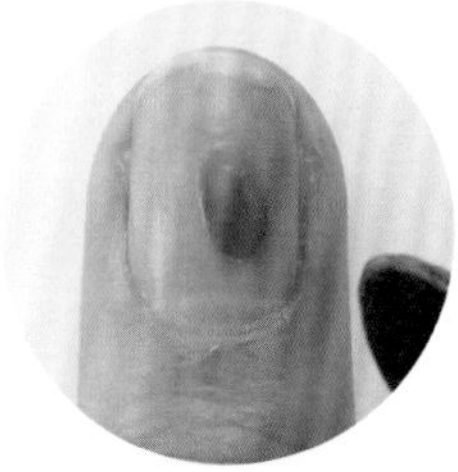

先將所有指甲都塗好基底護甲油。等乾燥後，用眼影棒前端沾取指彩（粉紅色），如同畫圓圈般，在每根指甲上各畫一個橢圓。

▼

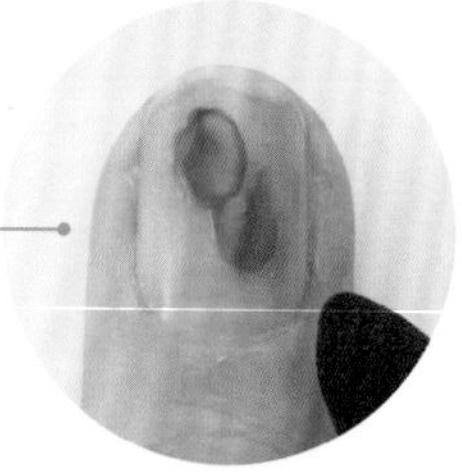

用眼影棒的另一頭前端沾取指彩（灰色），在拇指和無名指上畫上第二個橢圓，稍微重疊到粉紅色橢圓。食指和小指也以同樣的方式畫上紅色橢圓。

▼

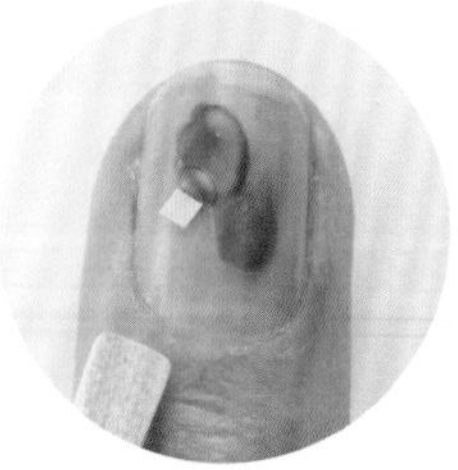

將中指和無名指塗上少量的表層亮甲油後，以木棒沾取亮片，各疊放一個在橢圓形上方。完全乾燥後，將所有指甲都塗上表層亮甲油就完成了。另一隻手也以相同方法上色。

暈染玳瑁

玳瑁風的大理石紋搭配霧藍，帥氣的暈染美甲。
圓點亮片也很吸睛。

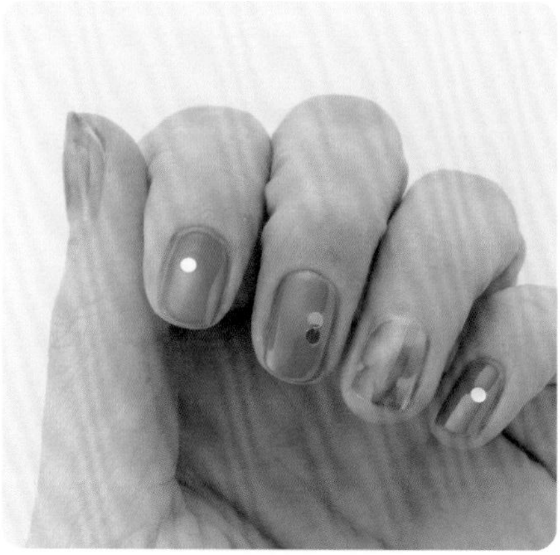

使用的工具

- 基底護甲油
- 指甲油（3色）→橘色、灰色、藍色
- 眼影棒
- 表層亮甲油
- 美甲配件（圓形亮片4片）
- 木棒

Point

若隨機加入深色，完成的玳瑁圖案會更像玳瑁。上色時，小心不要太過用力。

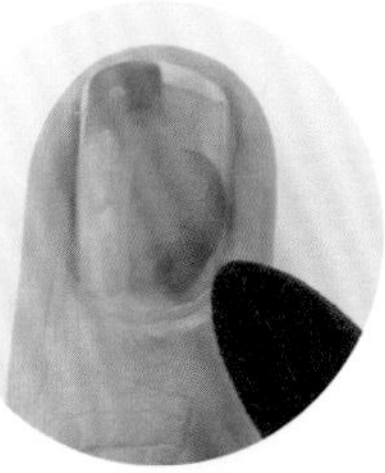

先將所有指甲都塗上基底護甲油。乾燥後，用眼影棒沾取指甲油（橘色），輕輕地隨機塗抹在拇指和無名指的指甲上。

※用量少會呈現淡淡的玳瑁風大理石紋；用量多則會形成深色的玳瑁風大理石紋。

▼

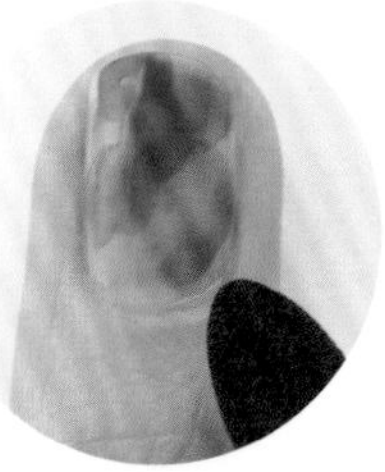

在橘色的大理石紋尚未完全乾燥前，同樣以輕輕的筆觸塗抹上指甲油（灰色）。

▼

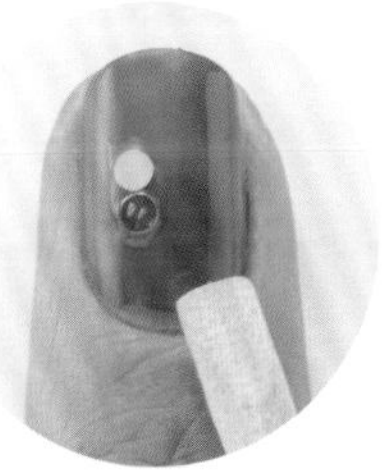

將食指、中指、小指的指甲塗滿指甲油（藍色），用木棒放上1～2個圓形亮片。

▼

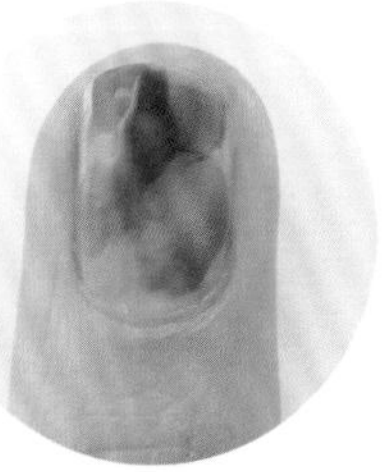

待所有指甲的指彩乾燥後，塗上表層亮甲油。另一隻手也以相同方法上色。

斜紋法式

筆直線條給人酷炫印象的法式美甲。
平常也可輕易使用，記住的話會很方便。

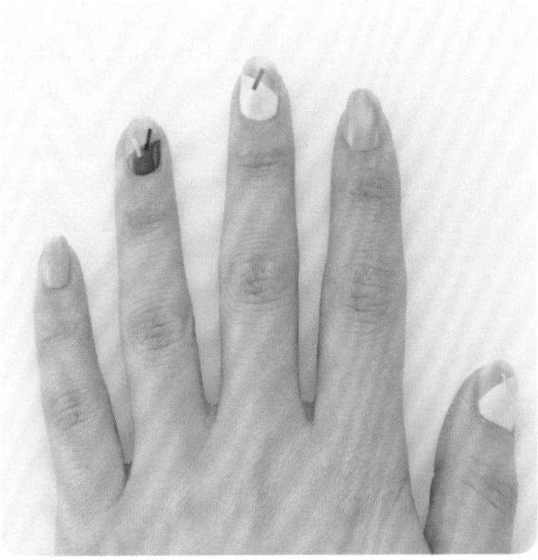

使用的工具

- 指甲油（3色）→藍色、灰色、白色
- 紙膠帶
- 剪刀
- 鑷子
- 表層亮甲油
- 美甲配件（膠帶4條）
- 木棒

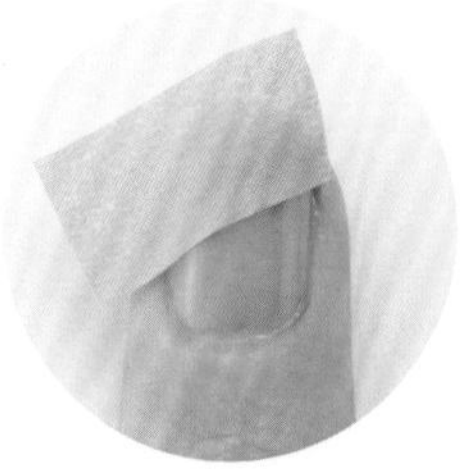

用剪刀將紙膠帶剪成適當的長度，斜斜貼在所有指甲的上半部分。膠帶的方向和角度要各不相同。
※紙膠帶要貼緊，不要有空隙。

▼

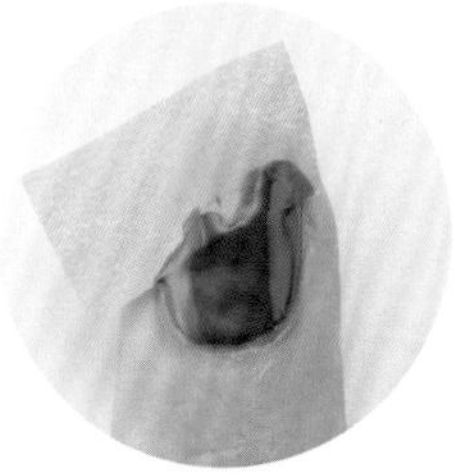

將無名指指甲的下半部（沒貼紙膠帶的部分）塗上指甲油（藍色）。同樣將拇指和中指塗上白色、食指和小指塗上灰色。
※塗的時候要覆蓋到膠帶的邊緣，避免留白。

▼

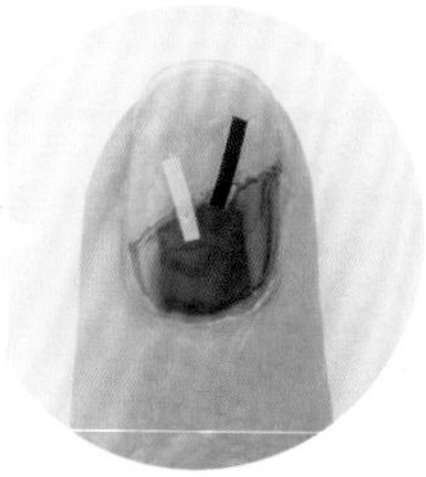

乾燥後，用鑷子夾住紙膠帶的一角，慢慢撕下來。在拇指、中指、無名指的中央部分塗上少量表層亮甲油，再以木棒放上膠帶。完全乾燥後，將所有指甲都塗上表層亮甲油就完成了。另一隻手也以相同方法上色。

將美甲配件的紙膠帶和指彩邊線的直線垂直貼，就能營造帥氣的印象！

Point

改變角度的話
還能做成平法式

同樣是法式，只是改變紙膠帶的貼法，印象就大不相同。如同右邊照片，與指甲根部平行著貼，就成了平法式！

▶

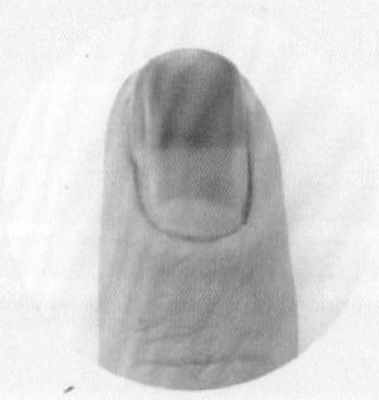

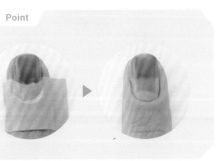

酷點點

在藍與灰的莫蘭迪色酷炫美甲上，
搭配暈染×點點增添休閒感。

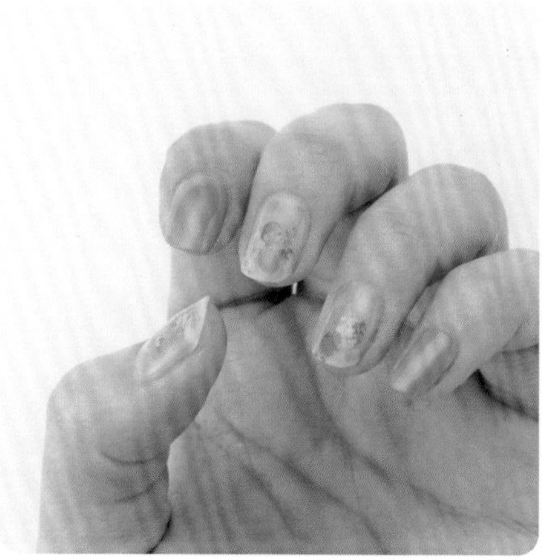

使用的工具

- 基底護甲油
- 指甲油（3色）→藍色、灰色、白色
- 鋁箔紙
- 眼影棒（3根）
- 海綿（3×3cm）
- 表層亮甲油

Point

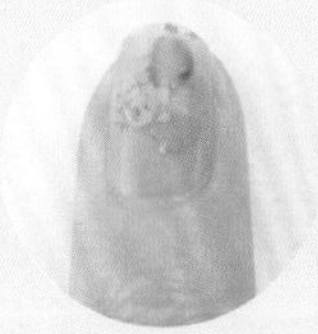

3種顏色中，從白色開始依序畫，混色效果會比較漂亮。如果換成粉紅色、紅色或橙色等暖色調，則會呈現出活潑的普普風圓點圖案。

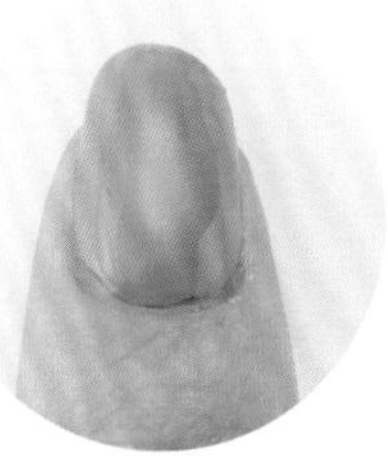

先取出指甲油的使用量（約1顆紅豆大）在鋁箔紙上。將所有指甲都塗好基底護甲油。將食指和小指的指甲塗滿指甲油（藍色）。

※完全乾燥後，塗上表層亮甲油。

▼

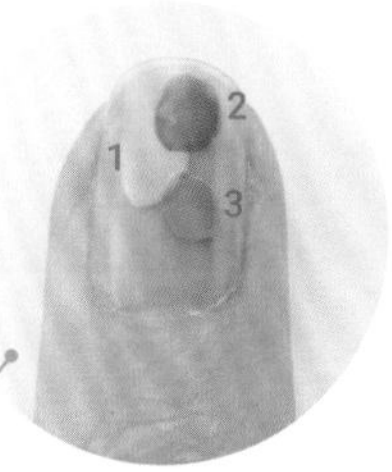

用眼影棒沾取指甲油，依照白、灰、藍的順序，在拇指、中指、無名指的指甲上畫上橢圓形。

※將眼影棒如同畫圓圈般移動。

▼

在彩繪的橢圓形變乾之前，拿海綿從上方輕輕拍，讓顏色暈開。完全乾燥後，將所有指甲塗上表層亮甲油。另一隻手也以相同方法上色。

每個顏色要分別使用海綿的一角，以免顏色混在一起。

繽紛花朵

繽紛＆普普風的花朵圖案很有趣，是很可愛的美甲。
顏色變化豐富，是簡易指彩美甲特有的設計。

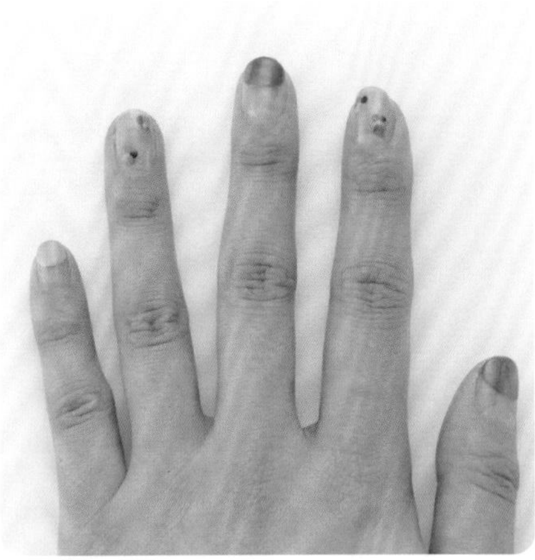

使用的工具

- 基底護甲油
- 指甲油（5色）
  →粉紅色、黃色、綠色、白色、藍色
- 鋁箔紙
- 牙籤（5根）
- 表層亮甲油

Point

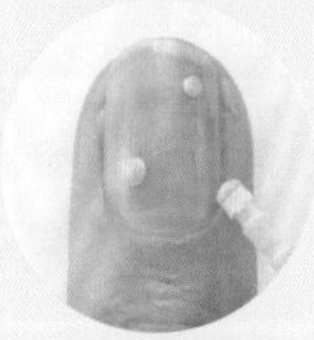

花蕊和花瓣的大小可以調整；將牙籤用力按壓在指甲上，點就比較大、輕輕點一下，點就比較小。此外，如果先決定好黃色（花蕊）指甲油的位置，可以讓花朵圖案更平衡。

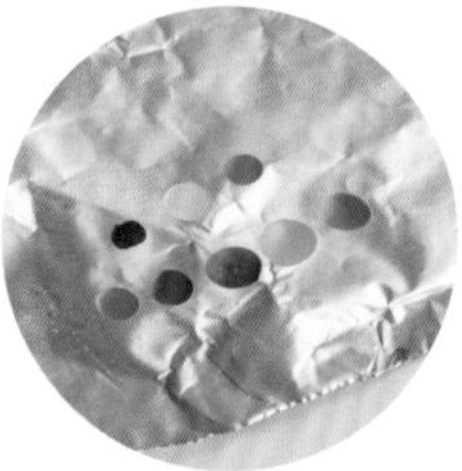

先取出指甲油的使用量（約1顆紅豆大）在鋁箔紙上。

▼

將所有指甲都塗好基底護甲油。乾燥後，以刷頭在指甲前端部分畫出圓弧狀，將拇指和中指塗上指甲油（粉紅色）、小指塗上白色指甲油。

▼

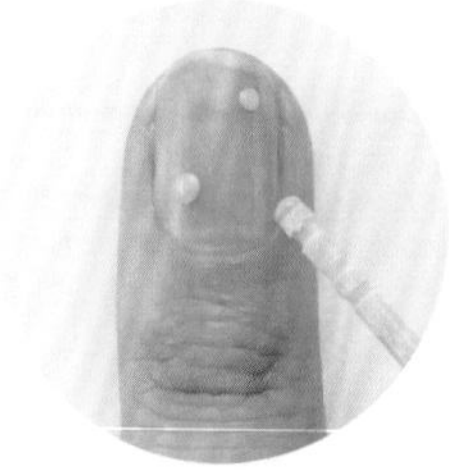

用牙籤的棒頭取少量指甲油（黃色），在食指、無名指上各畫2個圓點（花蕊）在對角線位置。

▼

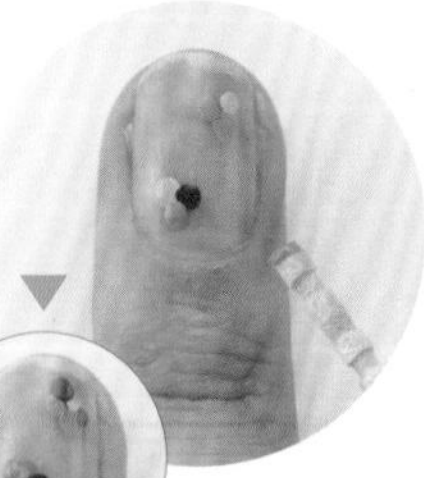

▼

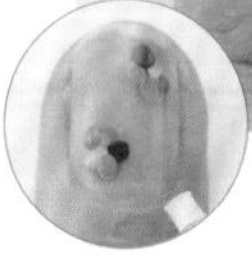

其他顏色的指甲油也同樣使用牙籤的棒頭，在花蕊周圍如同繞圓圈般，一個接一個依序畫上圓點（花瓣）。完全乾燥後，將所有指甲塗上表層亮甲油。另一隻手也以相同方法上色。

輕柔漸層

黃色漸層給人優雅印象的美甲。
只需用海綿輕輕拍打，就能輕鬆營造出輕柔的效果。

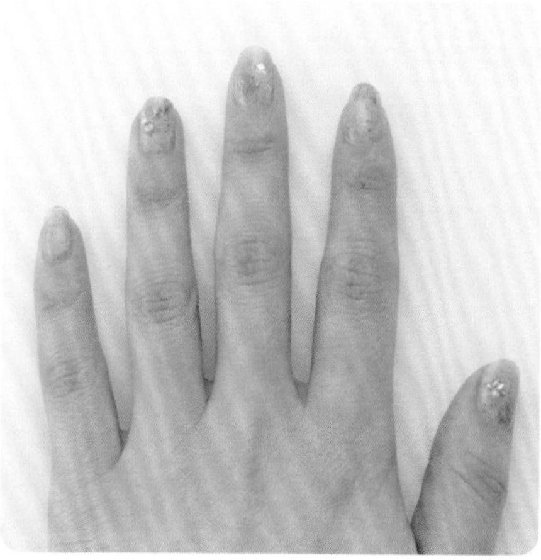

使用的工具

- 基底護甲油
- 指甲油（3色）→白色、黃色、橘色
- 鋁箔紙
- 海綿（3×3cm）
- 美甲配件（依喜好）
- 木棒
- 表層亮甲油

Point

用海綿製作漸層時，將顏色最淺的指甲油塗滿整個指甲、中間色塗1/2、最濃的顏色塗約1/3，以這樣的量來上色，效果就會很漂亮。

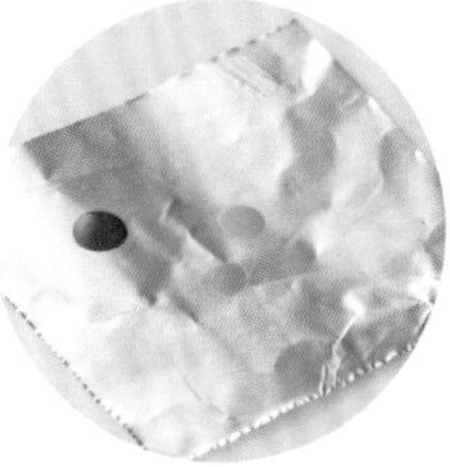

先取出指甲油的使用量（約1顆紅豆大）在鋁箔紙上。

▼

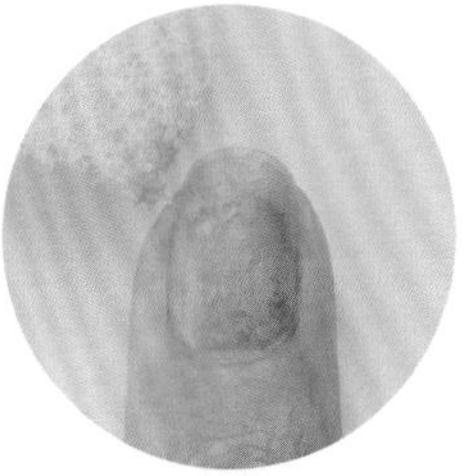

將所有指甲都塗好基底護甲油。乾燥後，用撕成小塊的海綿，在隨機的位置輕輕拍上指甲油（黃色）。

▼

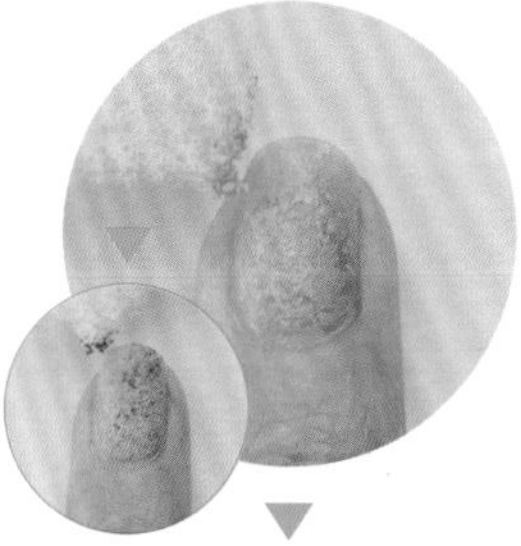

同樣將指甲油（白色）用海綿輕輕拍在整個指甲上。最後拍上比白色和黃色更少量的橘色。

▼

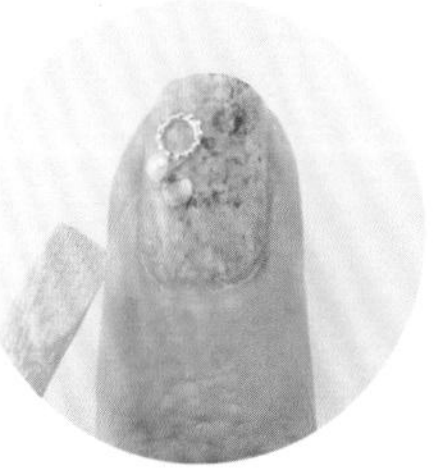

等指彩乾燥之後，將拇指、中指、無名指塗上表層亮甲油、放上裝飾配件。完全乾燥後，將所有指甲都塗上表層亮甲油就完成了。另一隻手也以相同方法上色。

Lesson 4

美甲片&美甲貼

針對想更輕鬆享受居家美甲樂趣的人，
也很推薦美甲片和美甲貼。

所謂的美甲片……

是指指甲彩繪時使用的人工指甲。透明的指甲片上塗有凝膠或彩繪，
從素面的到經過設計的款式，有眾多款式可賞玩。

使用的工具

- 美甲片（10根份）
- 酒精
- 化妝棉
- 美甲用雙面膠帶
- 鑷子
- 剪刀
- 磨砂棒

How to

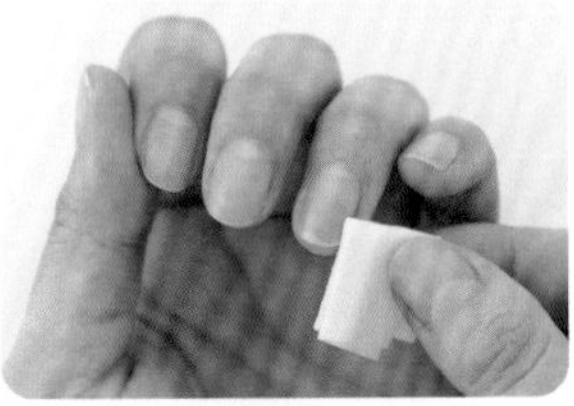

以沾有酒精的化妝棉，擦掉指甲上的髒汙或是灰塵、多餘的油脂。

▼

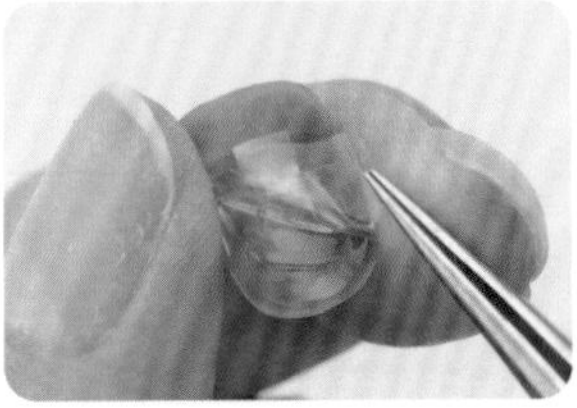

用剪刀將美甲用雙面膠帶剪成適當大小，再用鑷子貼在美甲片的內側（黏貼面）。如果尺寸不合，可以用指甲銼修整指甲片。

Point

美甲片的剝除方法

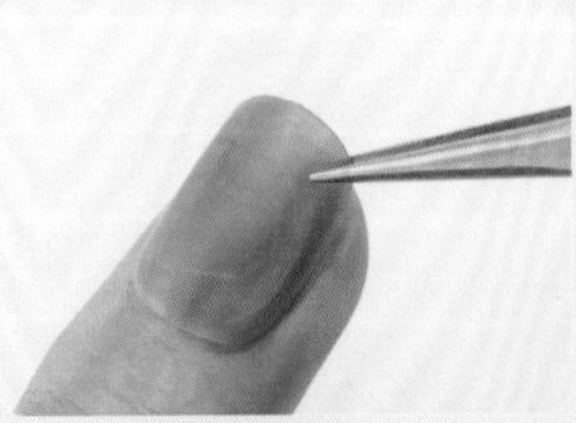

將手指浸泡40℃左右的熱水1～2分鐘，使雙面膠帶的黏性變弱後，再用鑷子慢慢剝下來。取下來後，建議在指甲上塗護手霜。

Check!

以指甲兩側以及指甲根部周圍為重點，檢查裸甲和美甲片之間有無空隙。

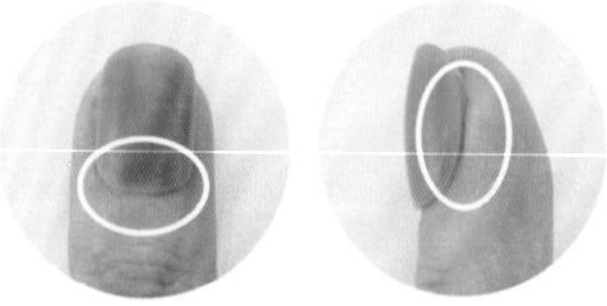

Arrange

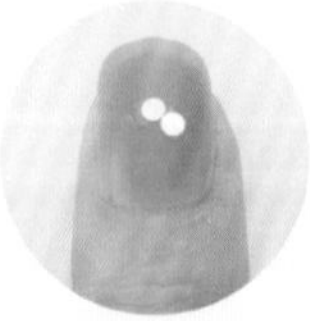

如果是素面的美甲片，塗上表層亮甲油代替黏著劑，再黏貼上美甲配飾的話，一樣能享受搭配的樂趣。

所謂的美甲貼……

是指貼在指甲上的指甲彩繪用貼紙。分為黏貼在整個指甲、以及單點黏貼的類型。
和美甲片一樣，簡單就能貼上和取下。

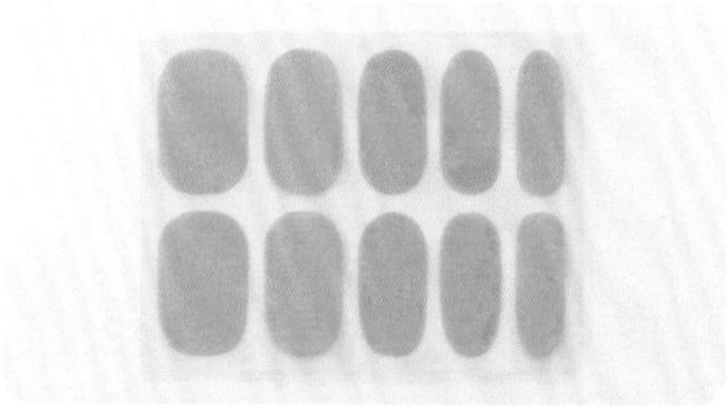

基本工具

- 美甲貼（10根份）
- 鑷子
- 酒精
- 化妝棉
- 磨砂棒

Arrange

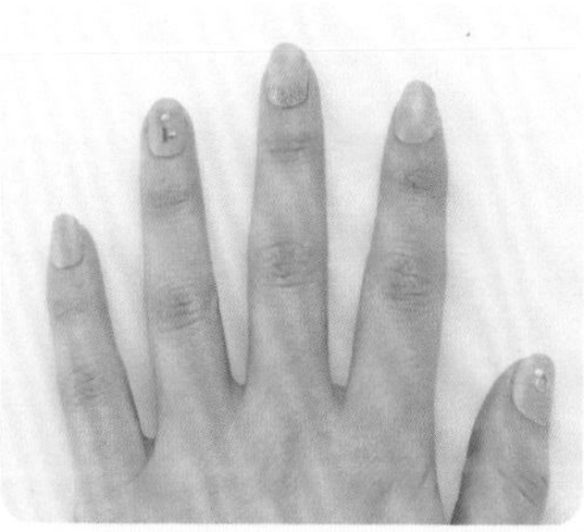

可以在美甲貼上面貼美甲配件或是配飾貼紙，享受各種混搭的樂趣。由於貼上和取下都很簡單，所以能夠輕鬆挑戰不同的搭配。這也是它的魅力所在。

How to

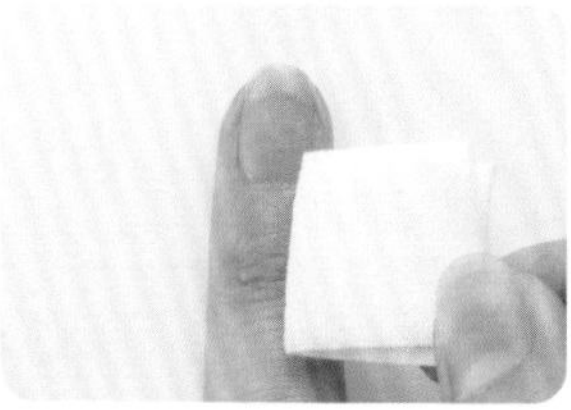

和美甲片一樣，用沾有酒精的化妝棉，擦掉指甲上的髒汙或灰塵、多餘的油脂。

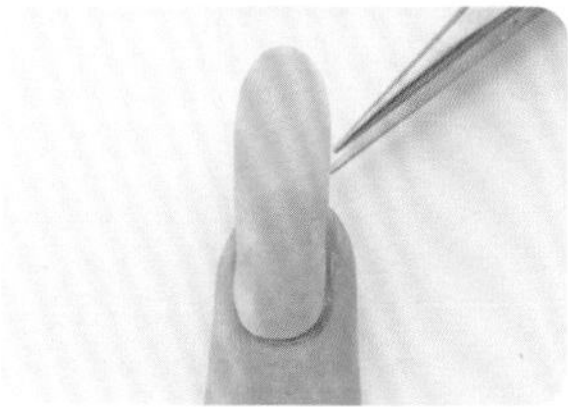

用鑷子夾取美甲貼，黏貼在裸甲上。
※對準指甲根部的邊緣，小心不要偏移，慢慢往指尖方向貼合。

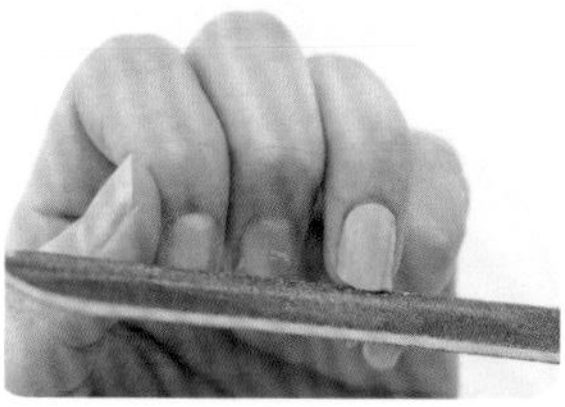

配合裸甲的長度，將美甲貼多餘的部分用磨砂棒磨掉。

Check!

和美甲片一樣，檢查指甲根部和兩側等地方，裸甲是否從美甲貼下方露出來。

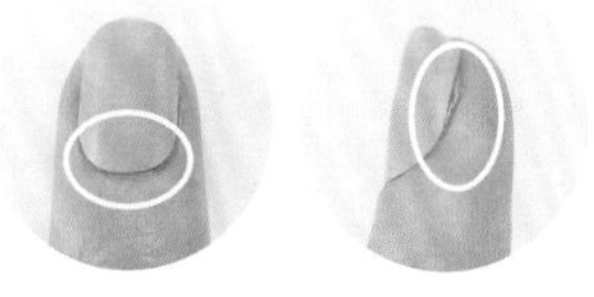

美甲的歷史

裝飾指甲的行為，竟然是從西元前開始的。
以下分成世界和日本，介紹從當時至今日的美甲歷史！

世界的美甲史

古埃及時代（西元前3000年左右～）

這個時期的人物：圖坦卡門、克麗奧佩脫拉7世等等

指彩的起源

相傳在指甲上塗顏色的這個行為，是從古埃及時代（西元前3000年左右～）開始的。最初，是將手、臉、身體等任何部位的上色行為總稱為「化妝」，指甲也是其中的一部分。

染指甲所使用的是散沫花[※1]的汁液。顏色以紅色最受歡迎，據說是被尊崇為象徵太陽或血液的神聖顏色。

根據埃及的舊資料記載，在第六王朝時期，男女都會為了維持指甲的清潔而進行美甲。另一方面，從木乃伊的指甲上殘留有顏色，以及被埋葬在古墓中的人骨及其附近的土被染紅可以推知，當時使用了硃砂[※2]作為防腐劑。

在古代，人們相信復活與重生、來生靈魂的存在，指甲上色也具有保存身分高貴人士遺體的作用。

據說當時除了硃砂以外，還製作了具有防腐效果的藥品和化妝品。

※1　散沫花：英文稱為Henna的植物。含有會對蛋白質產生反應而顯色的紅色酵素色素。
※2　硃砂：原料是稱為「辰砂」的紅色礦石。自古以來就當作被視為神聖顏色的紅色顏料加以利用。

古埃及的美容狀況

在古埃及時代，還有護膚這類美容技術以及染髮等等，並流傳至希臘、羅馬時代。相傳世界三大美女之一的埃及豔后，享受泡澡時會添加玫瑰香精油以及美膚效果可期的牛奶，也會利用蜂蜜和蘆薈來為頭髮及皮膚保濕。

希臘・羅馬時代

這個時期的人物：亞里斯多德、阿基米德、蘇格拉底等等

當成保養的美甲蔚為流行

這個時代的希臘，受到被視為世界上最早出現的東方文明所影響，後來產生了愛琴文明。

在這個時期，上流階級中衍生並流行一個詞彙「Manus Cure」，意思是手部保養。當時希臘的女性被期望過著低調的生活，健康美被視為理想，人工美並不受推崇。推測就是在這樣的背景下，從美容延伸而來、當成保養的一種的美甲才蔚為流行。

中世紀・文藝復興時期

這個時期的人物：威廉・莎士比亞、李奧納多・達文西等等

舞台藝術提升了化妝文化

中世紀歐洲時期，在稱為「Hammam※3」的美容院中，會使用乳液進行指甲保養。之後，在中世紀的文藝復興時期，以娛樂貴族階級的人們為目的的藝術、文化蓬勃發展。其中舞台藝術更是提升化妝文化的一大重要因素。

當時創作出了後來成為歌劇起源的芭蕾舞劇。為扮演角色的化妝和指尖的裝飾應運而生。為了在與觀眾隔有一段距離的舞台上依舊光彩奪目，美甲開始被當成裝飾的一種形式。

※3　Hammam：一種結合了摩洛哥式蒸氣烤箱和浴室的設施。是現代SPA的起源。

近代・19世紀

這個時期的人物：湯瑪斯・愛迪生、亞伯拉罕・林肯等等

美甲師成為職業的一種

在近代・19世紀的歐美，被當成儀容的一部分的美甲，也開始普及於一般女性。使用蜂蠟和油等物作為研磨劑，用麂皮※4磨出自然而通透的粉紅美甲，備受矚目。

此外，從時尚打扮到以禮儀為目的的美甲風潮日漸普及，也開始出現了美甲師這種職業。

美甲的工具（美甲工具箱）等等也開始販售，但是由於價格非常昂貴，所以對一般大眾來說還是遙不可及的東西。

※4　麂皮：由鹿或山羊等動物的皮加工而成的東西。

20世紀

這個時期的人物：瑪麗・蓮夢露、奧黛麗・赫本等等

彩色指甲油誕生

在20世紀前半，首次出現了讓指甲帶有光澤的美甲用亮光漆。1923年，開發出了汽車塗料用的快乾漆，其副產品美甲快乾漆於1932年問市。我們現在所使用的彩色指甲油就此誕生。

在1970年代的美國，好萊塢的彩妝師（特效化妝）團隊，想出了以人工素材延長指甲的技術（水晶指甲），以及使用治療牙齒用的樹脂所做成的人工指甲（延長美甲）。

人工指甲上點綴了華麗的彩繪，透過電影逐漸為一般大眾所熟知。指甲脆弱的人或是無法留長指甲的人，也因此能夠享受美甲的樂趣，短時間內美甲沙龍廣為流行並發展至今。

20世紀前半的指甲保養工具

GEORGE FARRER公司製
（1905年・英國）
刻有這個時期的特徵：新藝術風格的裝飾。

CHARLES PACKER公司製
（1910年・英國）
和左圖一樣，細部也刻有新藝術風格的裝飾。

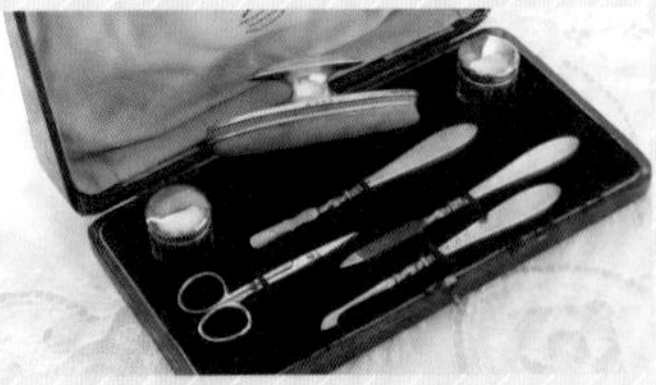

MARTIN公司製
（1921年・英國）
裝飾變為以幾何圖案為特徵的裝飾藝術風格。

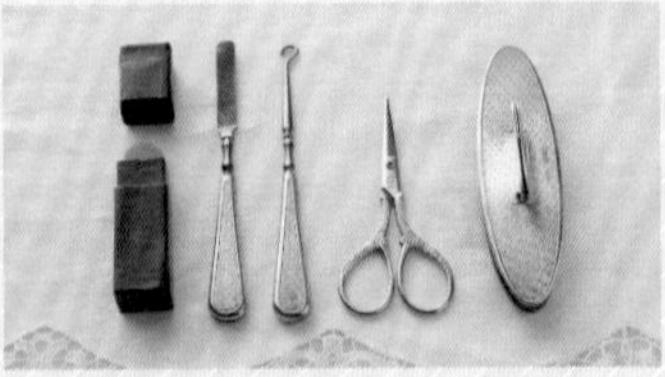

ASPREY公司製
（1930年・英國）
奢華的鍍金指甲保養工具組。

全為株式会社諏訪田製作所之館藏、攝影／前田一樹

日本的美甲史

飛鳥・奈良時代

這個時期的人物：聖德太子、小野妹子、鑑真等等

以「紅殼」將指尖染紅

在古埃及被視為神聖顏色的紅色，據說以前在日本也有特殊的意義。

飛鳥・奈良時代的紅，是使用一種主要成分為氧化鐵、名為「紅殼」的顏料，塗於額頭中央和嘴唇兩端作為裝飾之用。將指甲染紅據說就是由此延伸而來的，但一般推測這也比較接近飾品的概念。

紅不只被當成顏色，被視為造形上的意義使用，便是從這個時代開始，這是化妝史上劃時代的一件事。

平安時代

這個時期的人物：紫式部、清少納言、平清盛等等

化妝文化因妓女而推廣開來

在平安時代，化妝主要用於宮廷女性之間。到了平安時代末期，男性貴族視之為高級身分和階級的象徵，也開始化妝。其後，由於妓女仿效宮廷女性打扮，化妝才逐漸為庶民大眾所周知。這個時期，也將鳳仙花和酸漿的葉子捻揉混合，把指甲染紅，稱為「爪紅」。這也是鳳仙花的日文別名「爪紅」的由來。

江戶時代

這個時期的人物：德川家康、松尾芭蕉、坂本龍馬等等

使用紅花染色及重視手部的美觀

江戶時代，由中國傳入了使用紅花染色的技術，紅花的栽培變得盛行。收穫的紅花除了用來染衣物，也用來化妝。將嘴唇塗上濃濃紅色的化妝稱為「口紅」、將指甲塗紅則稱為「爪紅」。此外，這個時代的美容書籍當中，還介紹了揉捏手指、一根一根輕輕拉伸這類有助於手指變纖細的保養，可見當時的人已經開始重視維持手部的美觀。

近代

這個時期的人物：福澤諭吉、夏目漱石、樋口一葉等等

開始對美甲感興趣並普及

在明治時代，由法國傳入了美甲的技術，「磨爪術」蔚為流行。據說在西方文化傳入日本之際，曾介紹握手是外國社交場合的禮儀、舞會中會牽手等等，因此需留意手部和指甲的保養。

第二次世界大戰之後，彩色指甲油在日本也日益普及。從1960年後期開始普及到一般大眾，彩色指甲油逐漸受到歡迎。1970年代起，日本興起了一股美國西岸熱潮，其中美甲專用沙龍的存在也逐漸變得廣為人知。

其後，美容院的項目中也納入了美甲技術，成為了現今美甲技術的基本雛形。

現代

美甲師一詞誕生

1970年代後期，在西岸熱潮的背景之下，日本開始從美國引進美甲技術和產品。到了1980年代，出現了專業美甲師和美甲沙龍，美甲技術成為一種職業。1985年，日本美甲師協會成立，協會成立時創造的詞彙「ネイリスト（nailist）」也定調為專指美甲師的詞彙。

接著，1990年代掀起了美甲熱潮，美甲雜誌一本接一本發行。美甲保養的重要性重新受到重視，美甲迅速普及至一般大眾。毫無疑問，日本人特有的靈巧手藝，也助長了這波普及。

到了1997年，開始實施美甲師技能檢定考試，這項檢定被視為成為美甲師的重要途徑而廣為人知。此外，2000年前後興起的凝膠美甲熱潮，也加速了其發展，美甲沙龍變得更加普及，美甲師這項職業在社會上也日益穩定。

參考文獻：《JNAテクニカルシステムベーシック》（JNA技術系統基礎）（NPO法人日本美甲師協會）

美甲設計年表

隨著技術精進而提升的美甲文化

日本的美甲文化從海外傳入，結合了日本人的靈巧手藝，而取得了獨特的發展。現今日本美甲師的技術和美感吸引了海外的名人。以下整理出如此廣受國內外喜愛的美甲設計熱潮之變遷。

2005年～ 凝膠美甲	從海外傳入的凝膠美甲由於價格降低，從2005年起風靡一時。同時，這個時期也是用施華洛世奇等物裝飾的手機「貼鑽手機」流行的時代。美甲也以華麗的設計受到歡迎。
2009年～ 自然	2009年以後，自然風化妝成為流行趨勢，美甲也轉變為注重自然的風格。白色美甲或白色法式美甲這類印象柔和的美甲受到歡迎，已成為必備配件的水鑽等裝飾，也被用來作為點綴。
2013年～ 圖形化	圖案的設計變多了，春季是蕾絲圖案、夏季是條紋、秋冬則是千鳥格或菱形格圖樣等等，產生了依季節享受不同圖案的型態。到了2015年前後，圖案變得更加複雜，像是使用了大理石紋或紮染圖樣的天然石美甲等等。
2018年～ 質感・暈染	貝殼、鏡面美甲、金屬、霧光等，以質感為特徵的美甲受到矚目。也愈來愈多人採用給人隨性不造作印象的莫蘭迪色調，或是加入大理石紋的暈染美甲。
2020年～ 多樣化	過去流行的設計也在逐漸加入變化的同時漸漸升級，再次成為風潮。此外，近年由於多樣化進展，不受流行束縛而自由享受美甲，可以說是一個很重要的特徵。

出處：Nail Magazine《ネイルアート大きなトレンドと流行まとめ》（指甲彩繪的大趨勢與流行彙整）
https://nailmagazine.online/2021/04/20/nail-art-trend/

美甲用語集

以下挑選了各種美甲常見用語加以介紹。
認識這些用語的話，應該能加深對美甲的了解！

用語	說明
彩繪	為指甲做設計。有平面彩繪、粉雕、3D、綜合媒材等等。
壓克力美甲（水晶指甲）	混合壓克力溶劑和壓克力粉，在指甲上做成的延伸指甲。
壓克力粉（水晶粉）	壓克力樹脂的粉末。和壓克力溶劑混合而成的物質稱為「水晶脂」，可以用它來製作水晶指甲等等。是一種聚合物。
壓克力專用筆	製作水晶指甲用的筆。
壓克力溶劑（水晶溶劑）	壓克力的液體。和壓克力粉混合而成的物質稱為「水晶脂」，可以用它來製作水晶指甲等等。為聚合物單體。
丙酮	去光水的主要成分。以化妝棉沾取，用來去除壓克力等等。使用時要小心，並保持室內通風。
指甲板下層	構成指甲板的3層當中的最下層。是重疊成雲母狀角質片，指縱向連結的薄角蛋白層。腹甲。
延甲	利用水晶指甲或凝膠、甲片＆水晶覆蓋等等人工方式製作指甲的技術。意思是「延長指甲」。
木棒	木製的棒子。用來進行精細的作業，例如擦拭溢出的指甲油，或是將水鑽這類細小的配件放上指甲。
噴槍	使用空壓機等器具，以霧狀噴繪指彩的技法。用來畫漸層等等。
磨砂棒	用來修整裸甲的長度和形狀的指甲銼。
粉雕彩繪	有厚度的彩繪技術。有別於另外製作配件的3D，特徵是直接在指甲上彩繪。
橢圓形	指甲的修剪形狀之一。指甲尖端修整成蛋圓形。
保養油	在美甲界有「指緣油」的意思，含有指甲生成所需的養分。也具有保濕效果。
卸甲	去除塗在指甲上的美甲。
色膠	有顏色的凝膠，塗於擦了底膠的指甲片上。也可以混合多種顏色使用。
甲上皮（指緣上皮、甘皮）	皮膚的一部分，保護指甲根部，防止細菌或其他異物入侵。
指緣油	請參照「保養油」。

甘皮剪	用來去除甲上皮角質或倒刺的工具。
甘皮軟化劑	軟化指甲周圍的角質以便去除，讓甘皮保養更容易進行的溶劑。
漸層	不劃分出顏色之間的界線，而使用濃淡讓顏色產生變化的彩繪技法。
透明	指透明無色的美甲。
綠指甲	綠膿桿菌感染。綠膿桿菌從延甲和裸甲之間掀起來的部分入侵而感染，或是罹患指甲癬、甲床剝離的地方感染了綠膿桿菌，導致指甲片變成綠色。
清潔劑	用化妝棉或紗布沾取，用來擦掉未硬化的凝膠。
角蛋白	構成指甲或皮膚、頭髮的主要成分，屬於硬蛋白質。
硬化	意指指甲塗上凝膠後，以光照射，使凝膠變硬。也稱「固化」（Cure、Curing）。
空壓機	噴槍的器具，用來輸送空氣至噴筆的機器。
倒刺	指甲周圍的皮膚因乾燥而裂開的狀態。
打磨	製作延甲或一部分凝膠美甲時，為提升黏著度而輕輕修磨指甲板表面，以磨去光澤。
凝膠	凝膠狀的壓克力樹脂。是製作凝膠美甲的材料。
凝膠清潔液	用化妝棉等物沾取，用來去除未硬化的凝膠。
凝膠美甲	指透過燈光讓凝膠硬化的技法。
凝膠筆	將凝膠塗在指甲上用的筆。分為平頭、圓頭、彩繪筆等等，形狀及刷頭的種類很多，可依不同用途選用。
凝膠卸甲液	卸除凝膠時使用的液體。
色相	主要指紅色系、藍色系、綠色系等色調的差異。
裸甲	指原生的真甲。
去光水	用來卸除指甲油。也可以用來擦去指甲上的油脂。「指甲油去除劑」。
水晶指甲	用水晶脂做成的指甲造型。
方形	指甲的修剪形狀之一。四邊有角的形狀。
方圓形	指甲的修剪形狀之一。將方形的角修圓的形狀。
負荷點	指甲長超出皮膚的部分。是容易產生龜裂的部分。

海綿磨棒	海綿製的磨棒。塗凝膠之前的打磨，或修整裸甲、人工指甲的表面時使用。
3D彩繪	在指甲片上進行的立體彩繪。
甲床剝離	指甲板從指甲床剝離的狀態。綠膿桿菌一旦從這裡入侵，也可能引起綠指甲。
粉塵刷	用來掃除修磨指甲形狀時所產生的粉塵的刷子。
溶劑杯	用來裝壓克力溶劑的容器。
甲片&水晶覆蓋	裝在裸甲的前端，整體用壓克力或凝膠覆蓋。
裝飾配件	在指甲板上進行彩繪時所使用的小裝飾品。除了簡樸的彩珠或天然石，也有顏色繽紛的大型配件。
圓點	點點或圓圈的圖樣。
表層亮甲油	指彩上色完成後使用，可為指甲油增添光澤並提高持久度。此外，也可以防止指甲油變色。
上層膠	最後完成時塗的凝膠。用來保護色膠、增加光澤。也有固定配件的功能。
指甲板上層	構成指甲板的3層當中的最上層。背甲。
真甲	裸甲。
指甲分層	由3層構成的指甲，指甲板上層和中層，或指甲板中層和下層之間剝離的狀態。
暈染美甲	多種顏色隨意交疊的抽象設計。
美甲師	指從事美甲行業的人。日本美甲師協會創造的詞彙。
美甲	指甲。在美甲業界，將指甲塗上指彩也稱為「做美甲」。
指甲彩繪	請參閱「彩繪」。
指彩	含有色素，塗在指甲上以著色。不只顏色豐富多樣，還有通透、亮粉、珠光等各式各樣的質感，可以搭配使用。彩色指甲油。
指甲保養	指保養指甲和手指。
美甲沙龍	美甲師做美甲或彩繪、保養的店舖。
美甲貼	貼在指甲上的貼紙。分為黏貼在整個指甲、以及部分黏貼當成點綴的類型。
美甲片	以塑膠或樹脂做成的人工指甲。
指模	製作延甲時使用，墊在指甲下方的底紙。

指甲刷	用來清理指甲的刷子。
指甲板	一般所說「指甲」的部分。厚度約0.3～0.8㎜，由堅硬的角蛋白（蛋白質）所組成。又稱指甲片。
指甲床	支撐指甲板的「平台」部分。特徵是指甲板僅為緊靠在指甲床上，並非完全固定。甲床。
甲母質	生成指甲板的部分。血管和神經通過的重要之處。又稱甲母。
指甲修復	修復指甲折斷或缺損、龜裂的技術。
甲下皮	位於指甲下方，防止細菌或異物入侵指甲下方的皮膚部分。又稱指尖內皮。
修甲	使用磨棒修整指甲的形狀。
磨棒	用來修整指甲長度和形狀的指甲銼總稱。以GRID係數來表示顆粒的粗細，數字愈大顆粒愈細。
指甲屑	修磨指甲時產生的白色粉末。
一層殘補甲術（fill in）	修補延甲剝離或指甲長出來產生的高低落差。可以不卸甲就替換上新的美甲。
泡手碗	裝入熱水浸泡雙手，以軟化甘皮或洗去髒汙用的容器。
足部保養	指保養腳部。
足部美甲	請參照「修足」。
固定劑	有提高指甲和壓克力黏著度的功用。
平面彩繪	配色、繪圖、噴槍等平面類彩繪的總稱。
指甲前緣	指甲長超出指甲床、指甲前端的白色部分。
平衡劑	具有去除指甲的水分和油脂的功能。是用來提高水晶指甲或延甲持久度的一種溶劑。
法式	將指甲前緣的部分另外塗成白色的彩繪。使用白色以外的顏色則稱為「彩色法式」。
補強真甲（floater）	在不增加長度的情況下，以延甲的材料補強裸甲。
顏料彩繪	用畫筆等刷具繪製的平面彩繪。
基底護甲油	隔離油。除了保護指甲，也有讓指彩更顯色、防止色素沉澱等功能。
底膠	隔離膠。上色膠之前使用，可防止色素沉澱，並提高指甲和色膠的黏著度。
修足	由拉丁語的「pedis（腳）」和「cure（保養）」變化而來，指保養足部。也稱「足部美甲」。

尖形	指甲的修剪形狀之一。將指甲前端和側面修尖。
保濕	為指甲或皮膚提供水分和油脂。
保濕乳液	主要用來補充油脂，使肌膚光滑而有光澤的乳液。
指甲油	將指甲上色，形成有光澤的塗層，以美麗的色調裝飾指甲的指彩用品。英文也稱為Color polish、Nail polish、Manicure、Nail lacquer。
指甲油彩繪	只使用指甲油進行的彩繪。有法式、大理石紋等等。
指彩美甲	使用指甲油裝飾指甲的美甲方式。
指甲油去除劑	除了卸除指甲油，也可以用來擦掉指甲上的油脂及髒汙。也有些產品不含丙酮，或具有保濕效果、護甲效果。
亮片	彩繪用的裝飾配件。薄薄的、有各種形狀，會隨著光線的照射方式呈現不同的光芒。
磁吸	將含有細小鐵粉的凝膠塗在指甲上，透過磁鐵靠近讓鐵粉產生反應而製作出圖樣的技法。
Manicure	請參照「指甲油」。指保養指甲和手部。從拉丁語的「manus（手）」和「cure（保養）」變化而來。
大理石紋	混合2種顏色以上的彩色指甲油或凝膠的上色技法。
水晶脂	壓克力溶劑和壓克力粉混合而成的物質。
未硬化凝膠	將指甲塗上凝膠，以光線照射硬化後，所殘留的未完全硬化的凝膠。
指甲板中層	構成指甲板的3層當中的中間一層。最厚的角蛋白橫向連結的部分。中甲。
鏡面美甲	使用了像鏡子般有光澤的亮粉之技法。可以透過底色來呈現不同的風格。
金屬推棒 **（陶瓷推棒）**	上推甘皮或甲上皮角質用的工具。
去除油脂	使用酒精或去光水、平衡劑，去除指甲板上的油脂。
美甲燈	照射光線使凝膠硬化的燈具，分為UV燈和LED燈。大部分的UV燈是照射紫外線、LED燈是照射可見光。
卸甲液/去除劑	請參照「凝膠卸甲液」、「指甲油去除劑」。
亮粉	閃閃發亮的細砂粉。日文的ラメ是來自法語。英文為glitter。
修復	指所有的指甲修復。請參照「指甲修復」。
甲上皮角質	由甘皮所產生的附著於指甲板表面的角質部分。指緣上皮角質。
甲半月	指甲板根部的半月形乳白色部分。英文又稱Half moon。由於富含水分，故看起來白白的。
紗布	由於沒有毛絮，可用來在施作前去除水分、油脂。凝膠指甲的話，也可以用來擦掉未硬化的凝膠。

參考文獻：《JNAテクニカルシステム ベーシック》（JNA技術系統基礎）、《JNAテクニカルシステム アドバンス》（JNA技術系統進階）（NPO法人日本美甲師協會）

朝著嚮往的職業邁進！

如何成為美甲師

在美甲業界，不僅女性，有許多男性也身為受歡迎的美甲師而大為活躍。以下為懷著「想成為美甲師！」夢想的人，介紹成為活躍美甲師的步驟。

以正確且深入的知識和紮實的技術贏得信賴

美甲師是指保養指甲，並用顏色和彩繪裝飾指甲，使手指保持美麗和健康的專業人士。指甲是抓握物品和行走等生活中不可或缺的部位。身為專業人士，為了安全地進行如此重要的指甲相關工作，對指甲及美甲正確且深入的相關知識是不可少的。此外，為了實現客人期望的美甲，也必須學會紮實的技術。

因此，為了成為美甲師而活躍於業界，一般需在美甲學校等地方學習知識和技術，檢定考試合格後，再到美甲沙龍工作。如果沒有高品質的知識和技術，恐怕會傷害指甲的健康。應腳踏實地，以值得信賴的美甲師為目標邁進。

美甲學校
（學習美甲知識、技術）

學習美甲需要就讀美甲學校或專門學校。建議選擇由NPO法人日本美甲師協會（JNA）認可的教育機構等可靠的學校。雖然也可以透過函授教育或自學來學習美甲，但是學習的範圍可能有限，因此建議在開始之前調查清楚。

▼

檢定考試
（取得美甲師證照）

為了測試美甲師的知識和技術，有「美甲師技能檢定考試」、「JNA凝膠美甲技能檢定考試」、「JNA足部保養理論檢定考試」等考試。雖然這些並不是成為美甲師必須的證照，但是到美甲沙龍求職常常是必要的，而且能更容易獲得客戶的信賴，因此是身為美甲師建議考取的證照。

▼

沙龍就職
（在美甲沙龍工作）

確定了工作的地方之後，就能成為美甲師在美甲沙龍開始工作了！雖然也可以選擇馬上創業，但如果沒有出社會工作的經驗的話，建議先在美甲沙龍學習基本的客戶服務和工作技巧為佳。可以在磨練美甲師的技術和溝通能力的同時，評估並追求未來的職涯。

也有「社福美甲」、「運動員美甲」這些類型

在美甲當中，還有一些特定的類別，例如為年長者或身障人士提供美甲服務的「社福美甲」，以及為必須保護和維護指甲的運動員提供美甲服務的「運動員美甲」。不妨評估自己理想中的美甲師形象，選擇必要的課程往前邁進。

依顏色檢索

可以依照顏色搜尋在Part.2～5中所介紹的美甲片。

【手部】

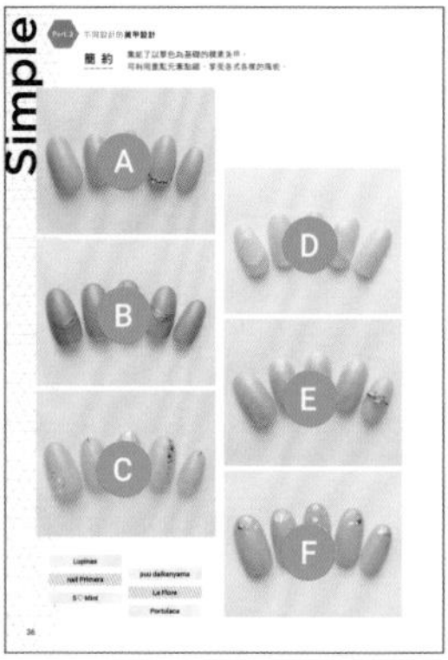

【足部】

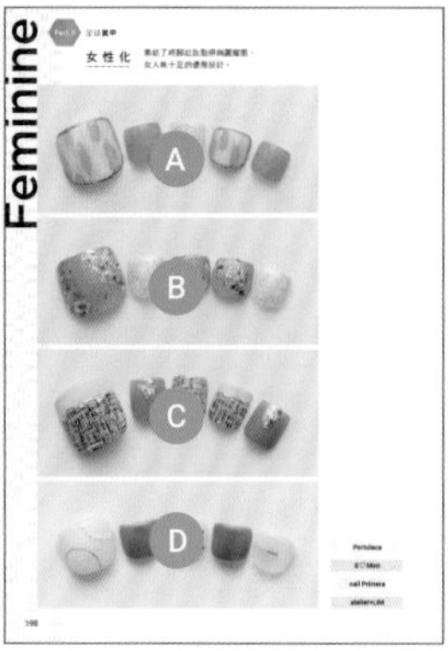

●只有單色、底色只有1色的美甲片，各自記載於該顏色名的地方。
●底色使用了2色以上的美甲片，記載為「雙色調」。
●底色使用了3色以上的美甲片，記載為「綜合」。

※P182、186、190、194記載為A～G。

【手部美甲】

●粉紅

P.36-A	P.36-B	P.36-E	P.36-F
P.37-A	P.37-E	P.40-D	P.41-E
P.41-F	P.42-C	P.42-F	P.43-A
P.43-E	P.43-F	P.44-A	P.45-A
P.46-B	P.46-F	P.47-E	P.48-A
P.52-D	P.53-A	P.53-D	P.54-B
P.55-E	P.56-A	P.62-A	P.62-B
P.63-C	P.63-D	P.64-C	P.66-D
P.67-D	P.67-E	P.68-B	P.68-D
P.69-D	P.71-E	P.73-D	P.75-D
P.77-D	P.79-D	P.81-E	P.82-C
P.84-D	P.84-F	P.87-E	P.87-F
P.90-A	P.90-B	P.92-A	P.96-B
P.100-E	P.102-A	P.102-C	P.103-F
P.104-C	P.104-D	P.104-F	P.105-A
P.105-B	P.105-C	P.107-D	P.108-D
P.110-B	P.110-D	P.110-F	P.113-E
P.115-A	P.117-F	P.118-C	P.119-D
P.120-F	P.121-A	P.121-B	P.130-C
P.134-C	P.138-F	P.144-D	P.145-C
P.145-E	P.146-D	P.147-C	P.149-F
P.150-F	P.151-D	P.151-F	P.152-B
P.152-E	P.153-D	P.154-E	P.155-A
P.156-B	P.156-D	P.157-F	P.158-E
P.159-B	P.162-A	P.168-E	P.169-D
P.171-E	P.174-B	P.176-C	P.177-B
P.178-A	P.178-C	P.180-B	P.181-F
P.182-A	P.182-G	P.183-D	P.183-E
P.184-C	P.194-G		

●紅

●紫

●藍

●綠

●黃

●棕

●橘

○白

雙色調

●●粉紅+藍

●●粉紅+棕

●○粉紅+白

●●粉紅+灰

●●紅+黑

●●紅+棕

●●紅+綠

●●紅+藍

●●紅+灰

●●藍+綠

Salon/Shop List

於Part.2～5介紹了漂亮美甲的
美甲沙龍、店鋪如下！

■atelier+LIM

Address 大阪市北区梅田1-12-6
E-MA 4F

Tel 06-6136-3746

Official　Instagram

■ATORI NAIL

Address

【宇都宮サロン・オフィス】

栃木県宇都宮市新里町

【池袋サロン】

東京都豊島区西池袋3

Tel 080-2011-9556

Official　Instagram

■niiina

Address 宮崎県宮崎市

Instagram

■uka

Official　Instagram

【uka 東京ミッドタウン 六本木】

Address 東京都港区赤坂 9-7-4
東京ミッドタウン ガレリア 2F

Tel 03-5413-7236

【uka 広尾店】

Address 東京都港区南麻布4-1-29
広尾ガーデン 2F

Tel 03-3449-0421

【uka GINZA SIX】

Address 東京都中央区銀座6-10-1
GINZA SIX B1F

Tel 03-6263-9981

【ukacojp/store】

Address 東京都渋谷区神宮前4-21-10
URA表参道1F

Tel 03-5413-4445

■ S♡Mint

Address

東京都八王子市三崎町4-13 3F

Tel 042-626-0707

Official　Instagram

■ effrontee tokyo/kyoko

Instagram

■ coconail's gallery

Official　Instagram

■ しろくまnail

minne しろくまnailのネイル

Instagram

■ DLAW TOKYO

Address 東京都渋谷区神宮前6-13-4
ブルーパンサー3F

Tel 03-6868-5556

Official　Instagram

■ nail salon an cherir

Address
福岡県北九州市小倉北区魚町2-5-8
ラフィナーレアースコート魚町902

Tel 093-511-8220

Official　Instagram

■ Nailsalon Bliss

Address 静岡県磐田市見付中川5049-5
メゾンイワタA-1F

Tel 0538-32-1433

Official　Instagram

■ nailsalon ma-ni

Address 東京都世田谷区駒沢1-4-11
コレクティブハウス202

Instagram

■ nail_calme

minne nail_calme

Instagram

■ nail jam

Official　Instagram

■ nail Primera

Address 神奈川県大和市深見3393

Official　Instagram

■ **virth+LIM**

Address 東京都港区南青山3-7-16
キラキラビル2・3F

Tel 03-6721-1224

Official　Instagram

■ **puu daikanyama**

Address 東京都渋谷区恵比寿西1-33-15
EN代官山ビル1002

Tel 03-5990-4969

Instagram

■ **hiyonail**

Address 東京都八王子市南大沢2-13-4
リラーチェヘアーラウンジ内

Official　Instagram

■ **hokuri**

Address 東京都杉並区西荻北2-16-2

Tel 03-6383-5770

Official　Instagram

■ **flicka nail arts**

Address 茨城県水戸市

Official　Instagram

■ **Portulaca**

Address 神奈川県川崎市多摩区菅北浦1

Tel 050-5240-1872

Official　Instagram

■ **Lyreivy**

Address 大阪府堺市堺区栄橋町1-4-8
高杉ビル4F

Instagram

■ **La casetta**

Address 東京都渋谷区恵比寿西1-8-8
LM小川恵比寿7F

Tel 03-5459-1652

Official　Instagram

■ **Lupinas**

Address 東京都江東区門前仲町1-13-12
ハイパーミックス601

Official　Instagram

■ **La Flore**

Address 岡山県倉敷市西阿知町387-5 2F

Instagram

※這裡刊載的是2023年7月當時的資訊。

監修

[Part.1 美甲的基本（P.10～33）、
Column（P.34、88、142、196、213～215、243）]

星野優子

nail salon étoile代表
JNA（日本美甲協會）常駐本部認證講師・ME

除了「TOKYO NAIL EXPO 2019」（東京美甲展2019）總冠軍，至今更榮獲了80個以上美甲大賽獎項。憑藉卓越的技術和知識，在美甲沙龍工作之外，還擔任講座講師、JNA認證講師證照考試的考官等等，活躍於多個領域。在美甲沙龍「エトワール」提供多樣化的服務，從需要高程度技術的粉雕，到凝膠、指彩、足部保養、男士美甲、兒童美甲等等。

Official　　Instagram　　Salon Instagram

[居家美甲（P.216～231）]

LIM NAIL SCHOOL

由人氣美甲沙龍「atelier＋LIM」主辦的美甲學校。提供自助美甲或練習用的3次完結自助短期課程，以及專為想從事專業美甲師或創業的人士所設計的專業課程等2種課程供選擇。可以向經驗豐富的在職美甲師習得LIM獨家的優秀原創美甲藝術。是Bio Gel認證學校。

Official

日文版 STAFF

照片	中村年孝
設計	奧谷日奈、伊澤花（SLOW.inc） 公平恵美、中山春奈
插圖	ながのまみ
編輯	今居泰子、橫沢ひかり、伊澤美花 （MOSH books）

協力

NPO法人日本美甲師協會（JNA）

攝影協助

株式會社TAT
株式會社ネイルセレクト
株式會社ポリッシュ

NAIL NO ZUKAN OSHARE DE KAWAII 1,000 NO DESIGN&NAIL WO MOTTO TANOSHIMU CHISHIKI TO WAZA

edited by Mynavi Publishing Corporation

Original Japanese edition published by Mynavi Publishing Corporation

This Traditional Chinese edition is published by arrangement with Mynavi Publishing Corporation, Tokyo in care of Tuttle-Mori Agency, Inc., Tokyo.

國家圖書館出版品預行編目（CIP）資料

隨心所欲玩轉風格！絕美指甲彩繪圖鑑：不同主題 × 設計 × 場合，1000 款氣質百搭的美甲藝術 /Mynavi 出版編輯部編著；王盈潔譯 . -- 初版 . -- 臺北市：臺灣東販股份有限公司 , 2024.12
256 面；16.3×23 公分
ISBN 978-626-379-655-3（平裝）

1.CST：指甲 2.CST：美容

425.6　　113016400

隨心所欲玩轉風格！
絕美指甲彩繪圖鑑

不同主題 × 設計 × 場合，1000 款氣質百搭的美甲藝術

2024 年 12 月 1 日初版第一刷發行

編　　著	Mynavi出版編輯部
譯　　者	王盈潔
特約編輯	邱千容、黃琮軒
美術設計	林佩儀
發 行 人	若森稔雄
發 行 所	台灣東販股份有限公司 ＜地址＞ 台北市南京東路 4 段 130 號 2F-1 ＜電話＞ (02)2577-8878 ＜傳真＞ (02)2577-8896 ＜網址＞ https://www.tohan.com.tw
郵撥帳號	1405049-4
法律顧問	蕭雄淋律師
總 經 銷	聯合發行股份有限公司 ＜電話＞ (02)2917-8022

Printed in Taiwan